알고 마셔야 더 맛있는

술 문화사

알고 마셔야 더 맛있는
숲 문화사

오코시 치카코 지음─신 찬 옮김

한 잔에 담긴 전 세계 술과 문화 이야기

북수힐

누구나 한번쯤 수많은 세계의 술을 두고 어떤 것을 선택하면 좋을지, 어떤 것이 맛있을지 망설인 적이 있을지 모릅니다.

요즘은 특히나 세계 각국의 술과 요리를 손쉽게 즐길 수 있지요.

처음 뵙겠습니다. 저자 오코시 치카코라고 합니다.

저는 주류 판매점 집안의 딸로 태어나 가게 일을 도우면서 자연스럽게 술에 대한 흥미가 생겼고, 각국 문화에 뿌리를 둔 여러 나라의 술을 알아가는 재미에 눈을 떴습니다. 20대 때 소믈리에를 목표로 프랑스에서 유학했으며 그 후에도 세계 각지의 양조장을 찾아다니며 공부했습니다. 또 여러분이 다양한 술을 마시고 즐기시기를 바라는 마음에 바 카운터에 서서 30년 동안 술의 즐거움을 전하고 있습니다.

동시에 술의 심오한 세계를 알리기 위한 강좌를 전국 각지에서 열고 있으며, 고맙게도 수강생이 5,000명을 넘었습니다.

이 책에서는 주류 판매점과 주점에서 일할 때 자주 받는 질문을 바탕으로, 여러분께 쉽고 편안하게 세계의 술을 소개하려고 합니다.

술은 그 고장의 농작물로 만들어집니다. 그 땅의 기후와 풍토를 견디고 성장한 농작물이 자연의 미생물과 공존하면서 생기는 발효라는 신기한 현상에 인간의 지혜가 가미되어 탄생한 것이 바로 술입니다. 또한 술은 수천 년이라는 세월을 사랑받아오면서 다양하고 멋진 이야기를 만들며 우리를 즐겁게 해주고 있습니다.

　이 책을 통해 세계를 여행하듯 술을 알아가기를 바랍니다. 동시에 가정에서 즐기는 술, 레스토랑이나 바에서 맛보는 술, 주류 판매점에서 술을 고를 때도 참고가 되었으면 좋겠습니다. 그동안 만나보지 못했던 다양한 나라의 술들도 만나보셨으면 합니다.

　술을 마시는 데 가장 중요한 것은 웃는 얼굴입니다.

　공부하듯이 인상 쓰며 골머리를 썩일 필요가 없습니다.

　눈앞에 놓인 한 잔의 술로 당신에게 미소가 가득해지기를 바랍니다.

오코시 치카코

목차

제1장 **맥주**

제2장 와인

제3장 스파클링 와인

제4장 사케

 쇼츄

제6장 위스키

제9장 리큐어와 칵테일

제10장 포티파이드 와인

음주가 더욱 즐거워지는
치카코 선생님의 술 Lesson

즐거운 술의 세계로 떠나기 전에,
먼저 술이 어떻게 만들어지는지 간단히 살펴보자.

Lesson 1 '술'은 언제 탄생했을까?

우리의 먼 조상은 수렵채집 생활을 했다. 그러다 기원전 4,000년경 메소포타미아 문명과 함께 농경이 시작되었고 농작물이 주요 식량인 농경민족으로 터를 잡았다. 이때 우연히 식량인 농작물이 자연 상태에서 발효한다는 사실을 알게 되었고 술의 근원이 되는 음료가 탄생했다.

4대 문명은 각지의 농작물로 '음식과 술'을 만들었다.

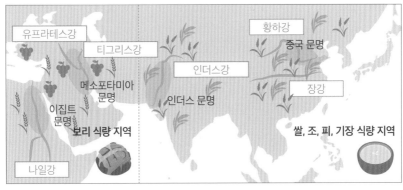

Lesson 2

술의 분류

술은 세 가지 범주로 나눌 수 있다. 이 책에서는 이 범주에 따라 순서대로 술을 설명한다.

[양조주] 원료를 발효시킨 술
[증류주] 양조주를 증류시킨 술
[혼성주] 양조주나 증류주에 무언가를 첨가한 술

양조주	증류주	혼성주
맥주	위스키	리큐어
와인	브랜디	베르무트
황주	소주	주정강화 와인 (포티파이드 와인)
사케	진	미린
	보드카	약주
	럼	
	테킬라	
	백주	

농경지에서 자란 농작물이나 식물을 원료로 알코올 발효시킨 술이 '양조주'이며 양조주를 증류기로 증류한 술이 '증류주'이다.

간단하게 설명하면 보리를 발효하면 맥주가 되고 맥주를 증류기로 증류하면 위스키가 되는 식이다. 그리고 '혼성주'는 양조주나 증류주에 여러 가지 성분을 섞거나 첨가하여 만든 술이다.

Lesson 3

알코올 발효란 무엇인가?

알코올을 만들기 위해서는 '효모와 당분'이 필요하다.

　　미생물인 효모가 당분을 먹으면서 알코올과 탄산가스가 만들어진다. 알코올 발효는 기원전부터 자연의 섭리 속에서 이루어져왔으며 인류는 수천 년 전부터 이러한 신비로운 현상을 경험하고 다양한 술을 만들어왔다. 하지만 발효의 원리는 1789년이 되어서야 밝혀졌다.

알코올 발효란?

효모가 ➡ 당분을 ➡ 알코올과 탄산가스로 변화시키는 과정

　　16페이지의 이미지는 알코올 발효의 세 가지 종류를 나타낸 것이다. 와인은 원료인 포도 그 자체에 당분과 효모가 있다. 그래서 포도를 으깬 달콤한 포도즙은 공기 중의 야생효모가 추가로 더해져 자연 발효되는데, 이것이 '단발효'이다. 이에 반해 맥주의 원료인 보리는 전분질이기 때문에 더운물로 삶아서 당화시켜 만든 달콤한 맥아즙에 효모를 첨가한다. 이것이 '단행복발효'이다. 그리고 사케는 '누룩곰팡이'를 이용해 쌀과 물로 발효시킨다. 이것이 '병행복발효'이다. 각기 다른 발효 형태에 따라 농작물이 술로 바뀌는 것이다.

Q 무기쇼츄麦焼酎, 보리로 만든 일본식 소주-역주와 위스키는 원료가 보리로 같고 둘 다 증류주인데 무엇이 다를까?

A 일본의 술은 '누룩곰팡이'을 사용하여 알코올 발효를 시키는 특별한 술이다. 즉, 혼카쿠쇼츄本格焼酎, 단식증류법으로 만드는 일본식 소주-역주인 무기쇼츄는 누룩을 사용하는 데 비해 위스키는 맥주와 같은 공정으로 만들기 때문에 누룩을 사용하지 않는다는 차이가 있다.

발효의 종류

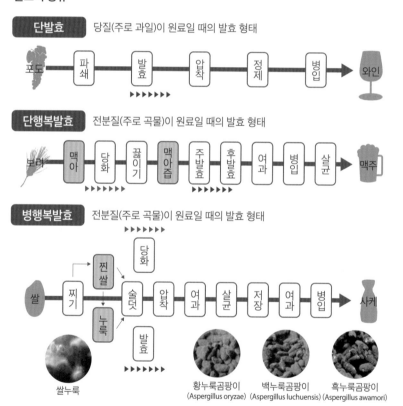

단발효 당질(주로 과일)이 원료일 때의 발효 형태

포도 → 파쇄 → 발효 → 압착 → 정제 → 병입 → 와인

단행복발효 전분질(주로 곡물)이 원료일 때의 발효 형태

보리 → 맥아 → 당화 → 끓이기 → 맥아즙 → 주발효 → 후발효 → 여과 → 병입 → 살균 → 맥주

병행복발효 전분질(주로 곡물)이 원료일 때의 발효 형태

쌀 → 찌기 → 찐쌀 → 당화 / 술덧 → 압착 → 여과 → 살균 → 저장 → 여과 → 병입 → 사케
누룩 → 발효

쌀누룩

황누룩곰팡이
(Aspergillus oryzae)

백누룩곰팡이
(Aspergillus luchuensis)

흑누룩곰팡이
(Aspergillus awamori)

술의 기본 개념을 살펴보았으니 이제 다양한 술의 세계로 떠나보자!

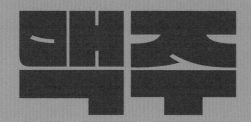

세상 사람들이 가장 많이 마시는 술은 맥주다.

세상에서 가장 종류가 많은 술도 맥주다.

"일단 맥주부터 한 잔 주세요!"

그래서 그런지 맥주는 술집에서 앞뒤 재지 않고

주문하기 편리한 술 취급을 받곤 한다.

맥주 입장에서는 '날 얼마나 안다고 무턱대고 주문하는 거야?' 하고

섭섭할지도 모르겠다.

메소포타미아 문명의 역사를 간직한 '보리'로 만든 술은

농경 문화와 함께 인간과 깊은 관계를 맺으며 유럽을 중심으로 성장해왔다.

맥주는 19세기 산업혁명 이후 시장이 크게 확대되었고 거대 산업으로까지 발전했다.

최근에는 전 세계적으로 소규모 브루어리(Brewery)가 잇달아 세워지고 있다.

장인의 고집이 고스란히 담겨 독특한 개성을 뽐내는 수제 맥주는

'맥주의 신시대'를 열었다는 평가도 받는다.

이제는 '일단…'이라고 아무 생각 없이 주문해서 마시기에는 아까운 술인 것이다!

그렇다면 과연 맥주는 어떤 술일까?

즐거운 맥주의 세계로 함께 떠나보자.

맥주의 기원
메소포타미아 문명에서 탄생한 보리 음료

BEER

우리의 먼 조상이 수렵채집 생활을 하다가 농경 생활을 하게 된 계기는 농작물을 발견했기 때문이다. 사람들이 식량이 풍족한 지역으로 모여들면서 마을이 생기고 도시로 발전했다.

맥주의 기원은 세계에서 가장 오래된 문명으로 알려진 메소포타미아 문명까지 거슬러 올라간다. 이는 수메르인들이 점토판에 새긴 벽화를 통해 알 수 있으며, 티그리스강과 유프라테스강으로 둘러싸인 비옥한 토지에서 시작된 농경 생활이 술을 탄생시켰다고 해도 과언이 아니다. 수메르인은 곡물 수확량이 늘자 보리로 빵을 만들기 시작했고 그 부산물에서 우연히 금빛으로 빛나는 음료를 발견했다. 이 음료는 '액체로 된 빵'이라는 의미로 '시카루Sikaru'라고 불렸으며 화폐가 없던 시절에 노동자들의 임금이 되기도 했다. 시카루는 빵에서 얻을 수 있는 영양가를 갖추었을 뿐만 아니라 빗물을 모은 비위생적인 물보다 안전했기 때문에 소중히 여겨졌다.

이 음료를 처음 맛본 수메르인은 말로 표현하기 어려운 어떠한 '고양감'을 느꼈을 것이 분명하다. '취기'를 경험한 당시 사람들은 '신이 주신 음료'라고 믿었다. 이렇게 보리에서 태어난 신의 술은 중세가 되자 수도사가 만드는 약으로 자리 잡았으며, 보리술에 다양한 약초 등을 조합해 제조하게 되었다.

19세기에 이르러서는 효모의 순수 배양, 저온 살균법을 비롯하여 냉장고가 발명되는 등 맥주를 보다 안전하게 장기간 보존할 수 있는 기술이 더해져 현대와 같은 맥주로 진화했다.

오늘날에도 수도원에서 제조하는 맥주가 있다.

기원전에 탄생한 술은 취하기 위한 목적이 아니었고, 약의 기능을 하는 신기한 음료였다. 실제로 기원전 1550년 무렵의 의학서인 《에베르스 파피루스Ebers Papyrus》에는 맥주가 약으로 등장한다.

중세 수도원에서는 아픈 사람이나 가난한 사람에게 제공할 영양음료로 보리술을 준비해뒀으며 기독교의 가르침과 함께 제조법을 각지에 설파하고 다녔다.

실제로 수도원에서 만드는 맥주를 '트라피스트Trappist'라고 하며 세계 171곳의 트라피스트회 수도원 중 현재 11곳에서 '트라피스트 맥주'를 제조하고 있다. 일본에서는 벨기에의 '시메이CHIMAY'가 유명하다. 필자는 벨기에 교외의 시메이 마을에 있는 스쿠어몽트 수도원을 방문한 적이 있다. 당시 교회에서 사람들이 모여 성모마리아에게 기도하고 있었는데 수도원 특유의 고요하고 정적인 모습에 크게 놀랐던 기억이 있다. 다음 페이지 사진의 안쪽에 보이는 문 건너편에서 맥주 양조가

트라피스트 맥주 양조국	
벨기에	5곳
네덜란드	2곳
오스트리아	1곳
이탈리아	1곳
영국	1곳
(2021년 9월 기준)	

이루어지고 있었으나 유감스럽게도 일반인은 견학할 수 없었다.

이들 수도원 양조장은 양조 시 정해진 규칙을 준수해야 하며 트라피스트라는 명칭과 트라피스트 맥주를 증명하는 육각형 로고 마크는 협회의 인가를 받아야 사용할 수 있다.

시메이 블루
(빈티지 있음)

시메이 레드

오르발

로슈포르 8

그레고리우스

맥주의 맛은 보리의 종류, 효모의 종류, 수질, 홉의 네 가지 균형에 따라 크게 달라진다. 이 중에서 효모가 가장 중요한 요소이다.

사케에 사용되는 효모는 종류가 많지만 맥주에 사용되는 효모는 크게 '에일Ale'과 '라거Lager'로 나뉜다. 맥주를 즐긴다면 흔히 들어본 단어일 텐데 사실 효모의 이름이다. 이 두 가지는 역사는 물론 발효 방법도 다르고 맛도 완전히 다르다. 그리고 가장 맛있게 즐길 수 있는 적정 온도도 다르다.

맛과 향을 즐기는 맥주는
'에일 효모'

○○에일이라고 표시된 맥주는 '에일 효모(상면발효 효모)'로 발효시킨 맥주다. 에일 계열의 맥주는 프루티한 향과 보리의 달콤하고 고소한 향을 즐길 수 있다. 너무 차갑게 마시지 않는 것이 중요하다. 와인잔처럼 둥근 유리잔을 사용하여 천천히 시간을 들이며 맛을 즐기는 스타일의 맥주다.

발효의 종류	맥주의 종류
 20℃ 에일 효모로 발효 (상면발효 효모)	**에일 맥주** 프루티하고 풍부한 향과 깊은 맛이 특징이다. 와인처럼 향과 맛을 즐기는 맥주다. 맛에 개성이 있어 음식에 맞춰 에일 맥주의 종류를 선택하는 재미가 있다.
 5℃ 에일 효모로 발효 (하면발효 효모)	**라거 맥주** 청량하고 시원하게 마시기에 좋다. 꿀꺽꿀꺽 마시며 목 넘김을 즐기는 맥주다. 일본에서 유통되는 맥주의 대부분이 라거 맥주다.

청량함을 즐기는 맥주는 '라거 효모'

일본 맥주는 깔끔한 맛이 특징이며 차갑게 마시는 경우가 많다. 이런 맥주들이 '라거 효모(하면발효 효모)'로 발효한 맥주다. 1842년에 체코의 필젠 지방에서 라거 효모를 사용한 '필스너Pilsner 맥주'가 탄생했다. 일본 맥주는 이 필스너를 바탕으로 하며, 청량한 맛을 즐긴다. 차갑게 식히면 상쾌함을 제대로 즐길 수 있다.

'자연 발효 효모'

에일 효모나 라거 효모는 순수하게 배양된 현대식 효모다. 그럼 그 이전에는 어땠을까?

고대부터 맥주는 자연에 서식하는 야생 효모로 발효시켜왔다. 발효의 개념이 없던 시대에는 자연의 힘을 이용했던 것이다. 자연 발효 효모 맥주의 대표는 벨기에의 '람빅Lambic 맥주'이다. 브뤼셀 근교의 양조장에서 만들어지며 사용하는 효모의 서식지도 한정적이다.

양조장의 벽과 지붕, 술통 속에 자리 잡은 천연 효모로 자연 발효시키는 제조법은 500년 넘게 이어지고 있다. 실제로 현지에서 발효실을 볼 기회가 있었는데 개방된 발효실 창문으로 바람을 타고 야생 효모가 운반된다고 한다.

람빅의 특징은 강렬한 산미가 느껴진다는 것이다. 한 모금 마시면 누구나 그 시큼함에 놀란다. 이 맛이야말로 수천 년 역사를 자랑하는 맥주의 원형에 가까운 맛이다. 발효가 끝난 맥

1900년에 설립된 칸티용(Cantillon) 양조장의 맥주 발효조

페슈레제   크릭

프랑부아즈   카시스

주는 술통 안에서 숙성된다.

여성에게 인기 많은 '후르츠 람빅 맥주'는 발효 시 복숭아, 라즈베리, 체리, 블랙커런트 등의 생과일을 넣어 산미가 완화된 과실 향이 풍부한 부드러운 맛을 낸다.

맥주가 만들어지는 과정

먼저 보리를 발아시켜 '맥아麥芽'를 만든다. 맥아는 몰트Malt라고도 한다. 그리고 맥아를 더운물에 녹여 끈적끈적한 맥아죽을 만든다. 천천히 삶으면 맥아는 자연스럽게 당화되어간다. 당화된 맥아를 여과시키면 '달콤한 맥아즙'이 완성된다. 필자는 맥주 양조 체험을 하면서 실제로 맥아즙을 마셔본 적이 있는데 따뜻하고 달콤한 보리차와 비슷했다.

맥아즙을 끓여 홉을 넣고 효모를 넣으면 발효가 시작된다. 이때 효모의 종류가 에일인지 라거인지에 따라 발효 온도와 발효 방법이 달라 맛이 다른 맥주가 탄생한다.

① 맥아 제조

② 당화

맥아의 전분을 당화

당   당

③ 여과

홉 첨가
풍미와 쓴맛을 주고,
부패를 방지하며,
거품을 오래가게 한다.

④ 끓이기

⑤ 효모 첨가

⑥ 저장 및 숙성

맥아즙

당   당   당

Ale
(상면발효)

Lager
(하면발효)

발효

당 → 알코올+탄산가스 Alc CO₂

① 보리를 발아시켜 맥아를 만든다. (맥아 제조)

② 맥아를 온수로 녹여 맥아즙을 만든다. (당화)

③ 맥아즙과 술지게미를 분리한다. (여과)

④ 맥아즙을 끓여서 홉을 첨가한다. (끓이기)

⑤ 효모를 첨가하여 발효를 촉진한다. (발효)

⑥ 저장 탱크에서 숙성한다. (저장 및 숙성)

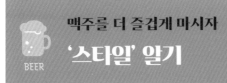

수많은 맥주가 수입되어 판매되고 있지만, 사실상 세상에 존재하는 맥주의 극히 일부에 지나지 않는다. 필자 또한 세상에 얼마나 많은 맥주가 있는지 전혀 짐작조차 하지 못한다. 맥주의 왕국으로 불리는 벨기에만 해도 약 1,500종, 미국은 크래프트 맥주craft beer까지 포함하면 8,000개 가까이 되는 양조장이 여러 종류의 제품을 내놓고 있다.

　세계 맥주는 몰트와 효모, 곡물, 홉의 종류, 알코올 도수 등 맥주 맛에 영향을 미치는 요인에 따라 다양한 '카테고리'로 나뉘어 있다. 카테고리의 수만 해도 무려 150개가 넘는다. 카테고리로 구분된 맥주의 '종류'를 업계에서는 '스타일Style'이라고 표현한다. 맥주 콩쿠르 등에서도 각각의 스타일별로 출품하도록 하여 개성파 맥주와의 혼동을 피하고 있다. 일본에서 흔히 마시는 맥주는 '필스너 스타일'인데, 최근에는 크래프트 맥주도 다양한 스타일의 제품이 쏟아져 나오고 있다.

Ale
상면발효
맥주

에일(Ale)
상면발효 맥주를 총칭하는 말로도 사용한다. 에일에는 브라운, 라이트, 비터, 레드, 다크 등 여러 종류가 있다.

페일 에일(Pale Ale)
페일이란 옅다는 뜻이다. 쓴맛이 강하고 홉의 좋은 향기가 나기 때문에 풍미를 즐길 수 있는 맥주다.

인디아 페일 에일(IPA, India Pale Ale)
일반 페일 에일보다 알코올 도수가 높고 약간 옅은 색을 띠고 있다. 홉을 많이 사용하고 드라이하며 쓴맛을 살린 에일 맥주다.

바이젠(Weizen)
독일 바이에른 지방의 맥주로 밀맥아를 사용한다. 프루티하고 거품이 풍성하며 청량하다. 쓴맛은 약하다.

쾰쉬(Kölsch)
옅은 금빛으로 독일 쾰른 지방의 특산물이다. 프루티한 향을 지녔으며 뒷맛이 산뜻해서 마시기 좋은 맥주다.

알트(Alt)
'뒤셀도르프 알트 비어'라고 해서 독일에서 성행하는 갈색 맥주다. 몰트의 향기와 강한 쓴맛이 특징이다.

스타우트(Stout)
아일랜드에서 태어난 흑맥주. 로스트 몰트를 사용하여 고소하다. 쓴맛 속에 부드러움을 즐길 수 있는 맥주다.

아메리칸 필스너

라거

바이젠 화이트 맥주

페일 에일

IPA

엠버 에일

레드 에일

브라운 에일

발리 와인

포터

스타우트

어떤 맥주를 골라야 할까?

맥주 맛은 천차만별! 그래서 더욱 즐겁다!
늘 마시는 제품 말고 여러 가지 맥주에 도전하다보면
분명 취향에 맞는 맥주를 발견할 수 있다.

라거(Lager)
하면발효 맥주를 총칭하는 말로도 사용한다. 세계에서 가장 많이 마시는 맥주로, 필스너를 바탕으로 홉의 향기와 쓴맛을 조절하여 마시기 쉽게 제조한다.

필스너(Pilsner)
체코의 필젠 지방에서 태어난 세계 최초의 황금빛 맥주. 부드러운 맛과 홉 향이 좋으며 신선도가 중요하다.

아메리칸(American)
미국의 일반적인 맥주. 옥수수와 전분 등 부원료를 사용하여 쓴맛을 줄였다. 탄산가스를 강하게 하여 청량감을 강조해 시원한 맛을 즐기는 맥주다.

헬레스(Helles)
은은한 금빛이 도는 맥주다. 홉을 적게 사용하여 쓴맛이 덜하며 시원하게 마실 수 있는 맥주다. 식사와 함께해도 음식의 맛을 방해하지 않는다.

둔켈(Dunkel)
색상이 어둡고 고소한 맥주다. 로스트 향이 나고, 쓴맛이 적으며 부드러운 맛이 특징이다.

복(Bock)
독일에서 제조되는, 알코올 도수가 높은 라거(6%~) 맥주. 단맛이 강하고 묵직한 향기가 나는 종류도 있다. 더 독한 '도펠복(Doppelbock)'도 있다.

라우흐(Rauch)
라우흐는 독일어로 '연기'라는 뜻이다. 참나무를 태운 연기로 맥아에 풍미를 더해 제조하는 훈제 맥주다. 스모크 향과 맥아의 고소함을 즐길 수 있다.

맥주 스타일별 특징
Lager
하면발효 맥주

꿀꺽꿀꺽 갈증 해소에 최고!
(6~8℃)

시원한 목 넘김이 좋다.
(6~9℃)

상쾌한 향기와 청량한 맛.
(6~11℃)

몰트의 풍미를 즐길 수 있다. (8~12℃)

홉의 향과 씁쓸함이 매력이다.
(8~12℃)

부드럽고 순한 맛.
(10~12℃)

감칠맛과 깊은 풍미.
(11~14℃)

와인처럼 즐기고 싶은 맛.
(12~14℃)

맥주도 최적의 맛을 내는 적정 온도가 있다.

커피처럼 고소하다.
(11~14℃)

유럽 맥주를
즐기자!

 네덜란드

벨기에와 마찬가지로 오랜 역사를 자랑하며, 수도원에서 맥주가 만들어졌다. 하이네켄이나 그롤쉬 등 거대 맥주 회사도 있지만 소규모 양조장도 많이 남아 있어 맛있는 맥주를 계속 만들고 있다.

 영국

영국은 스카치 위스키의 산지로 유명하지만 위스키와 함께 맥주 역시 영국의 국민 음료이다. 많은 에일 맥주가 만들어지고 있으며, 펍 문화는 영국의 식문화 중 하나로 술집에서 즐기는 에일은 더할 나위 없이 맛이 좋아 늘 많은 사람으로 붐빈다.

 벨기에

벨기에는 양질의 포도를 생산할 수 없어서인지 보리 생산이 활발하다. 자연 발효로 유명한 람빅을 비롯해서 허브, 향신료, 과일 등을 사용해 양조하는 맥주 등 종류가 다양해 그야말로 '맥주 왕국'이다. 오늘날 수도원 맥주 양조도 세계 최고다. 와인과 마찬가지로 식문화에 녹아 있다.

 스위스

7세기경부터 맥주 제조가 이루어졌을 정도로 오랜 역사를 자랑한다. 대자연으로 둘러싸인 환경, 알프스의 천연수 등 스위스는 맥주 양조에 필요한 조건을 고루 갖추고 있다. 현재도 1,000개 가까운 양조장이 훌륭한 맥주를 만들어내고 있다.

덴마크

독일 뮌헨에서 덴마크로 가져온 우수한 효모가 덴마크 맥주의 품질을 향상시켰다. 또한 덴마크 맥주를 대표하는 맥주 회사 칼스버그는 1883년 세계 최초로 순수효모 배양법을 개발하고 기술을 무상으로 제공하여 맥주의 품질을 안정시키는 데 크게 기여했다.

 체코

세계에서 국민 1인당 맥주 소비량이 가장 많은 나라이다. 일본 맥주는 필스너 스타일인데 그 기원은 체코의 필젠이다. 맥주에 적합한 수원과 양질의 홉 생산지이기도 하며 시원하고 청량한 맥주가 많다.

 오스트리아

양질의 물이 풍부한 빈은 과거 맥주 제국이라고 불릴 정도로 맥주 양조가 활발하며, 연간 1인당 맥주 소비량이 체코에 이어 2위이다. 현재는 200개 가까운 양조장이 있으며 거리에는 맥주를 즐길 수 있는 카페가 곳곳에 있다. 맥주는 오스트리아인에게 빼놓을 수 없는 음료이다.

 독일

오래전부터 맥주 제조가 성행했다. 1516년 바이에른의 빌헬름 4세가 발령한 "맥주에는 보리, 홉, 물 이외에는 아무것도 넣지 않는다"라는 '맥주 순수령'에 따라 양질의 맥주가 많이 탄생했다. 오늘날에도 이 정신은 고집스럽게 지켜지며 계승되고 있다.

긴 항해를 통해 탄생한 IPA!?

맥주 스타일 중 하나인 '인디아 페일 에일'(India Pale Ale, 줄여서 IPA)은 씁쓸하면서도 향긋한 맛이 인기다.

맥주 제조에 필수인 홉은 쓴맛을 가지고 있는 한편 향긋함을 내고, 거품을 발생시켜 향과 맛이 달아나는 것을 방지한다. 홉이 일반적으로 사용되기 시작한 것은 15세기 무렵인데, 살균 및 방부 효과 때문이었다. 이후 19세기경 영국에서 인도로 맥주를 장기간 수송할 때 살균 및 방부 효과가 있는 홉을 다량 넣어 제조하는 기법이 생겨났는데, 이것이 IPA, 인도를 위한 페일 에일이라는 뜻의 맥주였다.

그러다 1970년대에 이르러 미국에서 쓴맛 성분과 향기 성분을 풍부하게 함유한 홉이 생산되면서, 쓴맛이 나는 향긋한 맥주가 개발된다. 그때 쓴맛 맥주의 대명사였던 IPA라는 호칭이 부활했고 전 세계로 퍼졌다. 더블 IPA, 잉글리시 IPA, 아메리칸 IPA 등 다양한 IPA가 있고 맛도 제각기 다르다.

지금까지 유럽 맥주를 소개했는데, 이미 눈치채신 분도 있겠지만 이 맥주 왕국들은 와인 생산량이 매우 적다. 이유는 환경적으로 포도가 자라기 어려운 기후의 지역이기 때문이다. 와인 문화가 발전하지 않은 나라에서는 확실히 맥주 문화가 뿌리내리고 있다.

아래의 사진은 자정이 넘은 브뤼셀의 맥주 전문점 모습이다.

맥주도 와인도 양조주이며 오랜 역사 속에서 음식 문화와 함께 발전한 술이다. 맥주는 와인과 마찬가지로 식중주의 역할도 해왔다.

맥주 종류가 많아 기네스북에도 등재된 '델리리움 카페(Délirium Café)'

일본 각지에서 크래프트 맥주가 대인기!

현재 일본에는 각지에서 크래프트 맥주가 큰 인기를 끌고 있다. 주류 판매점이나 레스토랑, 여행지 등에서 크래프트 맥주를 많이 볼 수 있게 되었다.

필자의 가게에도 언제나 약 100여 종의 크래프트 맥주가 진열되어 있으며, 집에서 마시는 것은 물론이고 선물 세트로도 큰 호평을 받고 있다. 이렇게 많은 크래프트 맥주가 쏟아져 나온 것은 1994년 주세법 개정으로 제조량 규제가 완화되었기 때문이다. 이전까지만 해도 연간 2,000kℓ 이상을 제조해야 한다는 맥주 제조 면허 규정이 있었는데, 연간 60kℓ 이상으로 개정되었다. 이로써 전국 각지에서 그 지방에 뿌리를 내린 이른바 '지역 맥주'가 등장하게 되었는데, 당시에는 약 300개의 맥주 양조장이 있었고 그 지방의 기념품적인 성격이 강했다.

규제 완화로 지역 맥주 양조장은 늘었지만 이미 일본 맥주의 시장은 빅4가 나눠 갖고 있었다. 이들 대기업의 맛에 익숙해져버린 소비자들에게 지역 맥주는 큰 인기가 없었다. 원료 등의 비용이 드는 만큼 가격이 비쌌기 때문이다. 또한 기념품적인 성격이 강한 탓에 좀처럼 가정 내 소비로 이어지지 않았다. 게다가 양조 기술이나 맛도, 연구를 거듭하는 대기업에 미치지 못하면서 조금씩 침체의 길로 접어들기 시작했다.

　그러던 중 미국에서 '마이크로 브루어리Microbrewery', 즉 극소규모 양조장에서 개성파 수제 맥주가 탄생했고, 붐이 일어났다. 이를 본받아 일본에서도 2010년경부터 개성파 맥주 양조를 만드는 장인들이 등장하기 시작했다. 동시에 '지역에서 생산된 농산물을 그 지역에서 소비한다'는 마을 부흥이 권장되고, 수제로 만든 것을 내세운 '크래프트 맥주'라는 말이 나오기 시작하면서 지방색을 내세운 다종다양한 개성파 맥주를 만들게 되었다. 그런 의미에서 지역 맥주와 크래프트 맥주는 그 의미가 동일하다. 필자의 가게에서는 '현지 맥주'라고 소개하고 있다. 현재, 일본에는 200개 정도의 소규모 양조장이 있으며 각 양조장에서는 다양한 맛의 맥주를 생산해 지역 산업에 공헌하고 있다.

크래프트 맥주 붐의 발상지 미국

크래프트 맥주를 직역하면 '수제 맥주'다. 미국에서 인구가 급증한 18세기는 아직 음료수가 비위생적이었고, 물보다 위생적이라고 여겼던 맥주 시장은 대기업이 독점하고 있었다.

앞에서 밝혔듯이 1980년대 젊은 챌린저들이 만든 개성파 맥주는 사람들을 매료시켰고, 인터넷을 이용한 홍보로 그 인기는 순식간에 세계로 퍼져나갔으며 2017년에 이르러서는 2.6조 엔이 넘는 시장이 되었다.

미국의 양조장 수는 2019년 현재 8,300곳 이상으로 추정된다. 맥주 왕국 벨기에의 양조장 수 125개를 훨씬 넘는 놀라운 숫자이다. 최근에는 와인 왕국 프랑스도 맥주 양조장이 3,000개에 달한다.

이제 미국은 크래프트 맥주 업계를 견인하는 맥주 강국이 되었다.

일본의 제1호 크래프트 맥주
에치고 맥주
1995년 일본에서 처음으로 제조 크래프트 맥주가 탄생했다. 니가타시의 에치고 맥주로 다양한 맛의 크래프트 맥주를 즐길 수 있다!

맥주에는 왜 거품이 있을까?

거품 없는 맥주는 상상하기 힘들다. 사실 거품은 맥주에서 매우 중요한 역할을 한다. 맥주에 거품이 생기기 시작한 것은 19세기 후반으로, 발효로 알코올과 탄산가스가 생겼기 때문이다. 고대 맥주는 술통에 장기 저장되면서 탄산가스가 자연스럽게 액체에 녹아들었고, 이로 인해 맥주는 수 세기 동안 비발포성이었다. 그 후 마개가 달린 병이나 알루미늄 캔 등이 등장하면서 용기에 발효된 맥아즙을 넣어 밀봉함으로써 탄산가스를 봉쇄하는 제조법이 탄생했다.

맥주 거품은 액체의 탄산가스를 가두어 향기나 풍미가 날아가지 않게 하고, 외부 공기에 닿아 생기는 산화를 방지하는 등 중요한 '뚜껑' 역할을 한다. 맥주 거품을 싫어하는 사람도 있지만 이처럼 중요한 역할을 하는 거품이니 함께 즐기도록 하자.

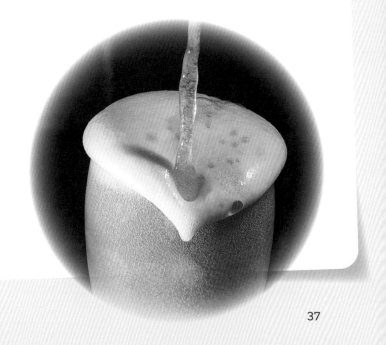

맥주 맛은 따르는 방법과
잔에 따라 크게 달라진다!

사실 맥주는 잔에 따르는 방법으로도 전혀 다른 맛을 즐길 수 있다. 잔을 비스듬히 기울여 천천히 따르고 서서히 잔을 일으켜 세우는 방법과 높은 위치에서 맥주를 힘차게 붓고 거품이 반쯤 차면 조심스럽게 따르면서 잔의 끝까지 거품을 담는 방법. 이 차이만으로 맥주의 맛은 완전히 달라진다.

생맥주도 마찬가지다. 음식점에서 즐기는 생맥주는 윗부분의 거품을 버리는 경우가 있는데 이는 입자가 크고 거친 거품은 버리고 크림처럼 깨끗한 거품만 채워 생맥주의 맛을 맥주잔에 가두기 위함이다. 또한 잔의 모양에 따라서도 맛이 달라진다. 벨기에에는 맥주 종류와 같은 개수만큼의 잔이 있다고 한다.

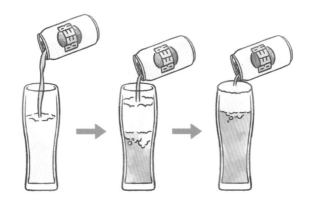

집에서 고급스럽게 즐기는 비어 칵테일

맥주는 그냥 마셔도 맛있지만 집에서 마실 때는 좀 다르게 즐겨보면 어떨까? 가정에서 손쉽게 만들 수 있는 칵테일을 소개한다.

맥주 + 진저에일
영국에서 태어난 '샌디 가프(Shandy Gaff)'

차가운 진저에일과 맥주를 반씩 따르기만 하면 된다. 진저의 톡 쏘는 매운맛과 탄산의 효과로 청량한 맛을 즐길 수 있다. 맥주는 영국에서 만들어진 에일 계열이 어울린다. 진저의 매콤함을 강하게 만들면 어른의 맛을 즐길 수 있다.

맥주 + 레몬 탄산수
프랑스에서 태어난 '파나셰(Panaché)'

레몬이나 오렌지 등 약간 단맛이 나는 과일
탄산수와 맥주를 반씩 따르기만 하면 된다.
입에 닿는 감촉이 좋고 깔끔하고 청량한 맛
을 즐길 수 있다. 맥주는 산뜻한 계열이 어울린다.

맥주 + 토마토 주스
건강한 '레드 아이(Red Eye)'

먼저 차가운 토마토 주스를 따르고 같은 양의 맥주를 천천히 따라 가
볍게 섞는다. 취향에 따라 레몬즙이나 날달걀, 타바스코, 후추, 우스터
소스 등을 넣어 자유롭게 만들 수 있다. 맥주는 산뜻한 계열이라면 깔
끔한 맛, 에일 계열이라면 묵직한 맛을 즐길 수 있다.

맥주 + 민트
'비어 모히토(Beer Mojito)'

모히토는 화이트 럼과 탄산수에 설탕과 민트잎을 으깨 넣어 즐기는
칵테일인데 이때 탄산수 대신 맥주를 넣으면 된다. 화이트 맥주 계열
로 만들면 더욱 청량해진다. 설탕으로 단맛을 조절한다.

이 밖에 얼음을 넣은 비어 록BeerRock으로도, 진을 넣어 알코올 도수
를 높여서도 즐길 수 있다. 설레는 맥주의 세계를 탐험해보자.

본래 맥주의 원료는 보리와 홉이다.

BEER

양조와 원재료에 집착하는 양조가들이 독자적인 수법으로 오리지널 맥주를 만드는 경우가 많아 다양한 맛의 맥주가 시장에 쏟아져 나오는 시대가 되었다. 그만큼 세상에는 맛있는 맥주도 많다. 기왕에 돈을 내고 마시는 것이니 자신의 취향에 맞는 맛있는 맥주를 즐겨보자.

기원전부터 오랜 역사를 이어온 맥주이지만 일본에서 맥주 양조를 시작한 건 메이지明治, 1868년~1912년 시대이므로 아직 150년 정도밖에 지나지 않았다. 일본은 전쟁 비용을 충당하기 위해 주세를 고액으로 책정했기 때문에 맥주는 한정된 양조업체가 독점했다. 제2차 세계대전 후에는 각사의 점유율 싸움이 치열해지면서 법을 어기지 않는 아슬아

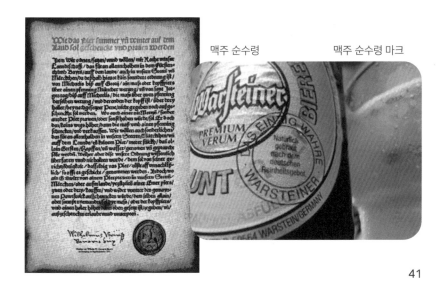

맥주 순수령   맥주 순수령 마크

슬한 수준까지 부원료*를 넣어 맥주 맛에 가까운 제품을 만들기도 했다. 다시 말해, 보리보다 싼 옥수수의 전분질을 정제한 전분이나 쌀을 넣는 등 여러 가지 궁리와 조정이 이루어졌다.

진짜 맥주를 마시자!

지금으로부터 약 500년 전, 1516년 독일 바이에른 지방에서는 '맥주 순수령Reinheitsgebot'이 발령되었다. 맥주의 원료는 '보리와 홉과 물에 한정한다'며 그 외의 재료를 사용하는 것을 금지한 것이다. 오늘날에도 독일은 이 순수령을 지키는 맥주에 별도로 표시를 하고 있다. 독일은 물론 세계 각국의 맥주는 이러한 순수령이 기준이다.

그런데 일본은 일부러 전분을 이용해 맥주를 만들기 시작했다. 다양한 전분이나 쌀을 넣는 것이 일본인의 입맛에 맞기 때문이라고도 하지만 세계 기준의 진짜 맥주의 맛과 비교하면 개인적으로 아쉽기만 하다.

덧붙여, 맥아 사용 비율에 따라 맥주 세금을 낮춘 발포주의 출현에는 질려버렸다. 기업의 입장은 맥아 사용률을 낮추고 다른 부원료를 많이 넣어 맥주의 비싼 주세를 낮추겠다는 취지다. 게다가 맥아를 사용하지 않고 만든 맥주 풍미(?)의 제품은 리큐어나 잡주로 취급하면서

---

* 현재 일본 주세법이 인정하는 부원료는 옥수수, 고량(수수), 마령서(감자), 전분, 당류, 캐러멜, 과실, 향신료이다.

발포주보다 더 낮은 주세가 책정되었다.

보리를 일절 사용하지 않는 맥주 풍미의 알코올에는 많은 첨가물이 들어 있어 놀라움을 감출 수 없다. 가격과 품질을 고민하기보다는 '내용물은 모르겠고 그저 싸고 맥주와 같은 맛이면 된다'고 하는 기업의 마인드는 너무나 아쉽다. 현재도 대기업은 이런 장르의 술에서 점유율 경쟁을 벌이고 있는데, 다행히도 2026년부터는 그 세율도 일률적으로 책정되므로 맥주풍 상품은 도태되어갈 것으로 보인다.

다만 매우 유감스러운 것은 2018년에 개정된 일본의 주세법이다. 맥주라고 부르는 조건이 이전에는 맥아 사용률 67% 이상이었는데 50% 이상으로 낮아졌다. 원래는 100%여야 바람직한데 더 낮춰버린 것이다. 정말 납득할 수 없는 일이다. 주세에 휘둘리는 맥주가 아니라 맥주다운 맥주를 생산하기를 바란다.

무알코올 맥주는
원료에 요주의

일본뿐만 아니라 전 세계적으로 무알코올 시장이 급성장하고 있다. 일본은 주세법에서 '주류는 알코올 1도 이상의 음료'라고 정의하고 있다. 따라서 무알코올 음료란 외관, 맛, 향 등은 주류와 비슷하지만 함유 알코올양이 1% 미만인 음료를 말한다.

무알코올 맥주라고 해도 알코올 도수가 0.9%나 0.5% 등 조금이라도 알코올을 포함하고 있으면 많이 마시면 취한다. 체내 알코올 분해 능력이 낮으면 더욱 그렇다. 이러한 알코올 도수의 차이는 제조 방법에 따른다.

해외 맥주 업체가 만드는 무알코올 맥주는 보리와 홉만을 원재료로 사용한 진짜 무알코올 맥주라고 할 수 있다. 그런데 일본 제조사들이 독자 개발한 알코올 도수 0.00%의 맥주 맛 음료는 원재료 표시를 잘 확인해야 한다. 건강 효과를 촉진하는 음료까지 나왔는데 맥주 맛이 나도록 다양한 인공 감미료 등이 첨가되어 있으니 주의가 필요하다.

벨기에 맥주 양조장 방문기

'백문이 불여일견'. 백 번 듣는 것보다 한 번 보는 게 낫다. 몇 년 전 맥주 왕국 벨기에를 다녀왔다. 당시 벨기에에는 맥주 양조장이 124곳 있다고 알려져 있었다. 대형 제조사, 중견 규모의 증류소, 람빅 양조장, 수도원 양조장, 그리고 소규모 수제 양조장까지, 각각 규모가 다른 양조장을 전부 둘러보는 것이 목적이었는데 모두가 큰 수확이었다.

그중에서도 교외 시골에 있는 부부 둘이서 운영하는 작은 양조장에서 큰 감동을 받았다. 고등학교 교사인 남편의 정년을 계기로 가업이던 맥주 양조를 이어가고 있는데, 한 달에 한 번만 만든다고 했다. 놀라운 점은 양조장의 설비는 수백 년 전과 다를 바 없는 수동이었다는 것이다.

지금도 전기를 사용하지 않고 맥주 제조부터 라벨 부착까지 부부가 손수 작업했다. "조상 대대로 이어온 전통을 지키고 싶어요. 다음에 오면 꼭 함께 맥주를 만들어봐요!" 하며 환하게 웃던 모습을 잊을 수가 없다. 언젠가 꼭 다시 방문해보리라!

'와인'은 포도를 짠 과즙을 그대로 발효시킨 과실주다.

와인은 물을 한 방울도 사용하지 않는, 하늘과 땅의 은혜가 낳은 과실주로

그 기원은 약 1만 년 전으로 거슬러 올라간다.

일본에서도 조몬(縄文, 기원전 13,000년경~기원전 300년경) 시대 부터

야생 포도로 포도주를 만들었다고 전해지고 있다.

옛날에는 '발효'라는 우연한 산물이 만들어 낸 과실주를 '약'으로 사용했다.

자연환경의 변화를 비롯해 종교적 갈등과 수많은 전쟁을 겪으며

오랜 역사를 이어온 과실주는 현재까지도 많은 사람을 매료시키고 있다.

오늘날에는 세계 각지의 기후와 풍토, 토양에서 비롯된

다양한 포도 품종으로 훌륭한 와인이 탄생하고 있다.

그리고 일본 와인도 세계의 주목을 받고 있다.

와인은 지식으로 마시는 게 아니라 즐기며 마시는 것!

가게에서 일하다보면 "와인은 잘 몰라서요…"라고 수줍게 말하는 고객이 많다. 이런 분들에게는 "걱정 마세요! 잘 모르는 게 당연합니다!"라고 힘주어 말하고 싶다.

와인 병의 라벨에는 와인명, 와이너리명, 포도 품종명, 지역이나 산지, 마을 이름 등 많은 정보가 적혀 있는데 뭐가 뭔지 모르겠다는 사람이 많다. 그게 당연하다. 무엇이 포도의 이름이고 무엇이 산지의 이름인지 서양인이라 해도 이해하는 사람은 극히 적다.

와인이라는 서양 음료가 본격적으로 일본 시장에 들어온 때는 1964년 도쿄 올림픽과 1970년 오사카 엑스포였다. 인류가 만든 세계에서 가장 오래된 식품이라는 치즈도 마찬가지다. 말하자면, 일본이 서양의 음식 문화를 받아들인 지는 아직 60년 정도밖에 지나지 않았다.

세계의 와인 시장은 크게 변화하고 있다. 양조법도 끊임없이 진화하고 있어 정보도 항상 갱신해야 한다. 소믈리에 등 와인 서비스를 직업으로 삼은 분이나 주류 판매점 등에서 고객을 상대하는 분은 항상 정보를 수집하고 공부해야겠지만 소비자들은 와인에 대해 모른다고 해도 결코 부끄러워할 일이 아니다.

사실 와인을 즐기는 데는 어려운 배경지식이 전혀 필요 없다. 눈앞에 담긴 잔을 빙글빙글 돌리거나 재치 있는 코멘트 같은 건 하지 않아도 된다. 그것보다 함께 마시는 사람과 웃는 얼굴로 대화하면서 즐기면 그뿐이다. 부디 어깨에 힘을 빼고 하늘과 땅의 은혜를 즐기기를 바란다. 이런 자세가 와인의 참맛을 느낄 수 있는 길로 이어진다.

다만 자기 취향에 맞는 와인이 어떤 것인지는 알고 마시자. 그러기 위해서는 몇 가지 사항만 주의하면 된다.

그럼, 지금부터 즐겁고 맛있는 와인의 세계로 떠나보자!

기원은 8,000년 전
흑해 연안이 와인의 발상지!

WINE

몇 년 전부터 오렌지 와인이 화제다. 흔히 오렌지 와인은 오렌지로 만드냐고 묻는데, 아니다. 정확히는 호박색, 연갈색을 뜻하는 '앰버 와인 Amber Wine'이 맞는 말이며 오렌지 와인이라는 명칭은 로제 와인이 장밋빛을 띠는 것처럼 주황색이 도는 데서 왔다.

앰버 와인은 지금으로부터 8,000여 년 전 조지아에서 크베브리Kvevri라는 옹기 항아리를 땅속에 묻고 거기에다 포도를 송이째 넣어 빚은 것에서 유래되었다. 당시에는 취하며 즐기기 위한 음료가 아니라 건강을 위한 '약'을 얻기 위함이었다. 기원전의 와인 제조와 발상지에 대해

서는 여러 설이 있지만, 기원전 6,000년경에 이미 코카서스산맥부터 흑해 근처에 이르기까지 와인 제조가 발달했다는 것이 최근에 밝혀졌다. 지금도 조지아와 아르메니아, 터키에서는 훌륭한 와인이 만들어지고 있다.

문자도 없던 시대로 문헌이 남아 있지 않아 증명할 길이 없지만 전 세계 연구자들은 발굴한 토기 등을 토대로 지금도 수수께끼를 풀기 위해 도전하고 있다.

조지아에서는 지금처럼 인기가 많아지기 훨씬 전부터 와인을 제조했지만 널리 알려져 있지 않았다. 구소련의 지배를 받던 때라 훌륭한 와인을 생산해도 세계 시장으로 유통되는 일이 없었기 때문이다.

1991년 독립 후 조지아는 크게 달라졌다. 조지아 정부가 NASA의 협력을 받아 와인 발상지임을 과학적으로 증명하려는 시도를 하고 있다고 하는데, 와인의 신 '바쿠스Bacchus'도 분명 기뻐할 것이다!

와인의 신 '바쿠스'

와인이 만들어지는 과정

알코올 발효에는 '당분과 효모'가 필요한데, 포도에는 이미 이 두 가지가 포함되어 있다.

포도 열매 자체가 '당분'을 함유하고 있고 '효모'는 포도 껍질 안쪽에 미량 붙어 있다. 포도를 으깨어 주스로 만들면 포도 자체가 가진 효모와 공기 중의 야생 효모에 의해 자연스럽게 발효가 이루어져 와인이 완성된다.

레드 와인은 포도의 껍질도 함께 발효시키기 때문에 과즙이 붉게 물든다. 화이트 와인은 포도즙만 발효시키기 때문에 노란색을 띤다. 발효가 끝난 와인은 숙성 과정을 거치고, 마시기 적당해지면 출하한다.

1 침지

제조공정 레드 와인의 경우

이때 적포도 껍질의 색소가 과즙에 침착된다.

2 발효

Rose

색이 조금 물든 과즙으로 로제 와인을 만들 수 있다.

4 숙성

프리 런 와인과 프레스 와인을 섞는다.

5 여과

3 압착

압력을 가하지 않고 자연스럽게 흘러나오는 와인을 '프리 런 와인(Free Run Wine)'이라고 한다. 압력을 가한 와인은 '프레스 와인(Press Wine)'.

❶ 포도를 수확해 2~3주간, 과립과 과즙을 재운다. (침지)

❷ 탱크 안에서 알코올 발효가 자연스럽게 이루어진다. (발효)

❸ 압력을 가해 붉어진 와인과 포도 지게미를 분리한다. (압착)

❹ 탱크나 오크통에서 천천히 숙성시킨다. (숙성) ※ 와인에 따라 숙성 기간은 다름

❺ 와인 속의 고형물이나 효모 등을 제거한다. (여과)

모든 와인은 숙성하면 맛있어질까?

와인은 빨리 마시면 좋은 타입과 오래될수록 좋아지는 타입이 있다.

이는 와인에만 국한된 것은 아니며, 모든 술은 마시기 가장 좋을 때 병에 넣어 출하한다.

빨리 마시면 좋은 타입은 가격도 저렴한 편이다. 스파클링 계열, 화이트 와인, 로제 와인, 가벼운 레드 와인 등 신선한 맛이 요구되는 와인은 숙성에 적합하지 않기 때문에 구입한 뒤 빨리 마시기를 추천한다.

오래될수록 좋아지는 타입은 이른바 고급 와인으로 불리며 힘이 넘치는 맛이 특징이다. 마시기 적합할 때 출하하여 매장에 선보인다. 와인에 따라서는 출하 이후에도 올바르게 보존하여 숙성시키면 더욱 부드러움을 선사하는 것도 있다. 마시기 적당한 때가 언제일지는 와인숍의 전문가와 상담하기를 추천한다.

와인병 바닥에는 '펀트Punt'라고 하는 둥글고 깊은 구덩이가 있는데, 와인의 앙금이 침전하여 고이도록 하기 위함이다. 오래 숙성된 레드 와인은 숙성 과정에서 떫은맛을 내는 성분인 타닌이나 폴리페놀 등이 결정화되면서 굳어서 앙금이 된다. 이 앙금은 마실 때 위화감을 주고 풍미를 손상시킨다.

그래서 앙금을 침전시키기 위한 펀트가 있다. 숙성 와인이나 고급 와인일수록 이런 앙금을 흔히 볼 수 있으며. 특히 빈티지 레드 와인 등은 눕혀두면 병 옆면에 앙금이 고이므로 잔에 따르면 앙금도 함께 섞여버린다. 이럴 때는 병을 세우고 며칠에서 몇 주 동안 앙금을 가라앉힌 후 개봉해야 한다. 레스토랑에서는 즉석에서 즐기기 위해 다른 용기에 옮겨 담는 '디캔팅Decanting'을 하여 깨끗한 위쪽 부분만을 잔에 부어 서비스한다. 만약 먹더라도 몸에는 영향이 없기 때문에 안심해도 된다.

와인의 품질에 따라 펀트의 깊이도 다르다. 캐주얼 와인이나 빨리 마시기 좋은 와인에는 펀트가 아예 없는 병을 사용하기도 한다.

스크루캡 와인이 반드시 저렴한 것은 아니다.

지금 와인 업계에서는 코르크가 아니라 스크루캡이 주목받고 있다. 전 세계 와인 판매량 170억 병 중 40억 병이 스크루캡이며 계속 늘어날 전망이다. 이유는 쉽고 빠르게 열 수 있고 완전히 밀폐되며 코르크 냄새가 나지 않는다는 장점이 있기 때문이다.

원래 와인에 코르크 마개를 썼던 이유는 천연 소재의 코르크가 기밀성이 높고 탄성이 있어서 와인의 열화를 장기간 막아주기 때문이다. 다만 이러한 역할을 기대하기 위해서는 옆으로 눕혀서 코르크 마개를 축축한 상태로 만들어야 한다. 그러나 수십 년 동안 숙성해야 맛이 완성되는 와인이 아니라면 코르크 마개일 필요가 없다는 발상이 1970년대에 생겼다. 실제로 코르크 생산지인 포르투갈에서는 코르크 나무가 해마다 감소하는 추세라서 현존하는 코르크 나무를 지켜야 한다는 것도 이유 중 하나이다. 또한 최근에는 유리 재질 등 새로운 스타일의 마개도 인기가 있다.

오늘날의 스크루캡 와인은 새로운 감각의 와인이라고 할 수 있다. 다만 코르크를 따는 것은 와인을 맛보기 전에 치러야 하는 의식과 같아서 묘한 설렘을 주기도 한다.

포도 품종으로 당신의 와인 취향을 알 수 있다!

와인은 물과 당분을 첨가하지 않고 포도 자체를 발효하여 만드는 술이다. 그렇기 때문에 포도의 맛이 그대로 와인의 맛이 된다고 해도 과언이 아니다.

화이트 와인은 껍질이 연두색인 '청포도'로 만들어지고, 레드 와인은 적자색인 '적포도'로 만들어진다.

포도의 열매에 함유된 성분은 '수분, 당분, 산, 탄닌, 방향芳香'이다. 포도 품종과 포도가 자라는 기후, 토양에 따라 한 알의 크기, 껍질의 색감과 두께, 단맛과 신맛 등이 달라서 포도에 따라 다양한 색과 맛을 가진 와인이 탄생한다.

사람마다 다른 와인 취향은 대개 포도 품종으로 결정된다.

다음 페이지에 포도에 따른 맛의 차이를 정리했으니 참고하기 바란다.

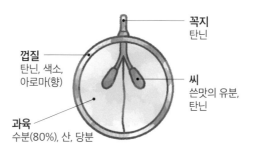

꼭지
탄닌

껍질
탄닌, 색소,
아로마(향)

씨
쓴맛의 유분,
탄닌

과육
수분(80%), 산, 당분

화이트 와인

화이트 와인은
포도의 과육만을 사용한다.
과육에 신맛이 많은 품종은
청량하고 깔끔한 맛의
와인이 되고, 과실 맛이
강한 품종은 풍미가 풍부한
맛의 와인이 된다.

샤르도네(CHARDONNAY)
- 드라이한 맛
- 과실 맛과 신맛이 뚜렷하고 강한 맛

소비뇽 블랑(SAUVIGNON-BLANC)
- 드라이한 맛
- 시원한 산미가 특징이며 산뜻한 맛

세미용(SÉMILLON)
- 드라이한 맛, 단맛, 매우 단맛
- 미네랄이 풍부해 부드러운 향과 고급스러운 맛

리슬링(RIESLING)
- 드라이한 맛, 약간 단맛, 단맛
- 프루티한 향과 부드러운 감촉의 산미

뮈스카데(MUSCADET)
- 드라이한 맛, 약간 단맛
- 과실감 넘치고 신선하며 섬세한 맛

비오니에(VIOGNIER)
- 드라이한 맛
- 과실의 향과 맛이 듬뿍 담긴 부드러운 맛

슈냉 블랑(CHENIN-BLANC)
- 드라이한 맛, 단맛
- 부드러움 속 청량함이 느껴지는 맛

코슈(KOSHU)
- 드라이한 맛
- 싱싱한 향과 산뜻하고 섬세한 맛

카베르네 소비뇽(CABERNET-SAUVIGNON)
- 강한 떫은맛, 진한 색
- 향기롭고 파워풀하며 묵직한 맛

피노누아(PINOT-NOIR)
- 약한 떫은맛, 옅은 색
- 화사한 향과 민감하고 섬세한 맛

메를로(MERLOT)
- 약한 떫은맛, 다소 진한 색
- 은은한 과실 향과 포근하고 부드러운 맛

시라/쉬라즈(SYRAH/SHIRAZ)
- 적당한 떫은맛, 다소 진한 색
- 베리 계열의 향과 과실감이 넘치는 맛

산지오베제(SANGIOVESE)
- 적당한 떫은맛, 다소 옅은 색
- 과실 향, 적당한 산미와 떫은맛의 이탈리아 품종

네비올로(NEBBIOLO)
- 강한 떫은맛, 진한 색
- 향과 맛이 복잡하고 진한 이탈리아 품종

템프라니요(TEMPRANILLO)
- 다소 떫은맛, 다소 진한 색
- 처음에는 순하고 숙성할수록 향기롭고 맛이 풍성해짐

머스캣 베일리 에이(MUSCAT BAILEY-A)
- 약간 떫은맛, 옅은 색
- 향과 맛이 절제되어 있어 마시기에 용이함
- 일본이 원산지인 품종

레드 와인

레드 와인은 포도의 과육 외에 씨나 꼭지, 껍질도 함께 발효시키기 때문에 기본적으로 떫은 맛(탄닌)을 내며 품종에 따라 그 특징이 다르다.

와인병의 모양으로
산지와 맛을 알 수 있다.

어느 지역에서 만들어진 와인인지 곧바로 알아내는 방법이 있다. 바로
병 모양을 보면 된다.

　와인병의 디자인은 병의 어깨가 각진 '보르도 형'과 어깨가 완만한
'부르고뉴 형'이 있다. 프랑스에서는 보르도 지방은 어깨가 각진 병이
고 부르고뉴 지방은 어깨가 완만한 병으로 그 모양이 정해져 있다. 시
판되는 와인병의 대부분은 보르도 형이다.

　그 밖에 '알자스 형'이나 '프로방스 형'도 있다. 와인은 지역성이 중
요하고 지역에 따라 특징이 다르기 때문에 와인병의 모양도 그 와인
에 최적인 형태라고 보면 된다.

　독일과 오스트리아, 프랑스의 알자스 지방에서는 부르고뉴 형보다

더 부드러운 형태의 길쭉한 모양이 많고 프랑스의 프로방스 지방과 이탈리아에서는 병의 형태가 자유롭다.

또한 독일에서는 병 모양은 같지만 색상이 라인강 인근은 갈색, 모젤강 인근은 초록색으로 구분한다. 와인은 해당 지역에 특화된 향토술의 요소가 강해 병의 디자인으로도 각기 와인 산지의 자부심을 표현한다고 볼 수 있다.

병의 디자인으로 맛도 추측할 수 있다. 레드 와인의 보르도 형은 묵직한 와인을 만드는 포도 품종을 사용한 와인이 많고, 부르고뉴 형은 너무 떫지 않고 부드러움이 강조된 고급스러운 맛의 와인이 많다. 화이트 와인의 보르도 형은 깔끔한 타입이 많고 부르고뉴 형은 확실한 맛을 내는 와인이 많다.

빈티지 와인이나 개성을 추구하는 와이너리 등 예외도 있어 반드시 병의 모양과 맛이 일치한다고 할 수는 없지만 선택할 때 참고하면 도움이 된다.

레드 와인은 상온,
화이트 와인은 차갑게?

흔히 '레드 와인은 상온에서 마시라'고 하는데 이때의 '상온'은 유럽 기준이며 15℃ 안팎이다. 지역에 따른 상온의 의미가 다를 수 있으니 주의해야 한다.

일반적으로 레드 와인의 음용 온도나 저장 온도는 14~16℃가 이상적이다. 다만 같은 레드 와인이라도 포도 품종이나 맛의 타입에 따라 음용 온도가 조금 달라진다. 와인은 온도에 따라 향기의 인상이나 느끼는 맛이 전혀 다르다는 점에 주의하자.

화이트 와인이나 샴페인도 마찬가지다. 묵직한 화이트 와인은 조금 높은 온도에서 마시는 편이 더 깊은 맛을 느낄 수 있고 톡 쏘는 신맛이 특징인 화이트 와인은 차갑게 마시는 편이 깔끔하고 상쾌하게 즐길 수 있다.

가정에서는 너무 어렵게 생각하지 말고 마시기 전에 냉장고에 넣어 조금 식히면 되고, 자신이 맛있다고 생각하는 대략의 온도대를 파악해서 즐기면 된다.

와인이 맛있는 온도

최적의 와인 맛을 이끌어내는 포인트는 온도다.
온도에 따라 사람이 느끼는 맛이 다르다.
그렇다고 지나치게 미세한 온도에 구애받을 필요는 없다.
'차갑다'에서 '약간 차갑다'의 사이에서 즐기기를 추천한다.

레드 와인은
온도가 올라갈수록
떫은맛(탄닌)이
부드러워진다.

20℃

18~20℃
일본의 상온(와인 음용 온도로 부적절)

16~18℃
강한 맛의 레드 와인, 빈티지 와인

14~16℃
과일 맛이 많이 나는 레드 와인

15℃

14~16℃

12~14℃
떫은맛이 적은 레드 와인

12~14℃
감칠맛이 느껴지는 묵직한 화이트 와인

10~12℃
향이 좋은 부드러운 화이트 와인 & 로제 와인

8~10℃
프루티한 향의 화이트 와인

10℃

8~10℃
신선한 로제 와인

6~8℃
깔끔한 화이트 와인,
달콤한 화이트 와인 & 로제 와인

3~6℃
냉장고 온도

5℃

화이트 와인은
차갑게 마시면 톡 쏘는
산미를 즐길 수 있다.
온도가 올라갈수록
향기와 깊은 맛이
풍성해진다.

0℃

◎ 유리잔에 따라 마시면 온도가 올라간다.

육고기는 레드 와인, 생선은 화이트 와인?

온도와 마찬가지로 '육고기에는 레드 와인!'이라는 불문율(?)이 있는 듯하다. 하지만 고기라고 해도 소고기, 돼지고기, 닭고기, 지비에GIBIER 등 다양하다. 게다가 어떻게 조리하느냐, 어떤 조미료로 간을 하느냐에 따라 맛도 다르다.

같은 소의 안심 부위라도 진한 소스로 마무리했다면 떫은맛의 묵직한 레드 와인이 어울리고 간장 등으로 간을 맞췄다면 가벼운 레드 와인이 어울린다. 닭고기와 같은 담백한 고기는 레드 와인보다 오히려 화이트 와인이 더 잘 어울린다.

화이트 와인도 마찬가지다. '생선에는 화이트 와인'이라고 생각하는 분이 많은데, 같은 생선이라도 기름진 생선이나 양념에 따라 가벼운 레드 와인이 더 잘 어울리기도 한다. 생선회도 식초로 마무리한 요리와 지방이 오른 참치 뱃살은 전혀 다르다. 중요한 것은 술과 음식의 균형이다.

또한 레스토랑에서 처음부터 레드 와인을 주문하는 분도 있는데, 식사를 할 때 보통은 처음부터 맛이 진한 음식을 먹지 않는다. 코스 메뉴에서도 가장 먼저 나오는 음식은 담백한 전채나 샐러드류 등 깔끔한 음식이 많다. 그런 음식에는 아무래도 청량한 맛의 화이트 와인이 더 잘 어울린다.

음식 재료뿐만 아니라 조리법과 소스에 따라 화이트 와인 또는 레드 와인을 취향에 맞게 곁들이는 것도 와인을 즐기는 즐거움 중 하나다. 와인은 음식과 페어링하기 쉽지 않은 술이지만 와인의 온도를 잘 맞추고 맛의 균형만 적절히 고려하면 식중주로 아주 훌륭하다.

추가로 '외형이 흰 요리에는 화이트 와인, 붉은 요리에는 레드 와인'도 기억해두면 좋다. 음식 맛에 따라 와인 맛의 강약을 선택하거나 와인 생산국과 요리의 발상지를 조합하면 멋진 '마리아주marriage'를 즐길 수 있다. 마리아주란 프랑스어로 결혼이라는 의미이며 와인과 음식의 궁합을 뜻한다. 와인과 요리의 멋진 결합은 여러분에게 큰 행복을 가져다줄 것이다.

어떤 와인을 골라야 할까? 화이트 & 로제 와인편

먼저 단맛과 드라이한 맛 중에서 선택한다.
다음으로 맛의 볼륨감이 가벼운 것과 무거운 것 중에서 선택한다.
마지막으로 그날의 기분이나 음식에 맞는지 고려한다.

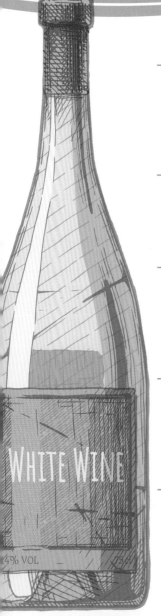

맛

단맛
**과실감 넘치는 단맛과
부드러운 감촉**

독일계의 달콤한 화이트 와인,
로제 당주, 나이아가라 품종

드라이한 맛
산뜻하고 청량한 신맛

소비뇽 블랑 품종, 코슈 품종,
리슬링 품종 등

드라이한 맛
**화사한 향이 나는
드라이한 맛**

이태리 화이트 와인,
프로방스의 로제 와인 등

드라이한 맛
**적당한 감칠맛이 도는
드라이한 맛**

어린 부르고뉴산 와인이나
보르도산 와인 등

드라이한 맛
**단단하고 묵직하며
드라이한 맛**

오크통 숙성 샤르도네 품종,
캘리포니아산 와인 등

요리

깔끔한 타입
일식 요리 전반

일본산 코슈 품종, 프랑스의 샤
블리 지역 와인, 독일계의 드라
이한 와인 등

화려한 타입
각종 생선류나 갑각류 요리

향이 풍부한 화이트 와인 또는
로제 와인

숙성 타입
크리미한 요리

감칠맛 나는 드라이한 화이트
와인, 살짝 달콤한 화이트 와인

무거운 타입
**동남아 요리나
향신료가 강한 요리**

감칠맛 나는 화이트 와인이나
아주 단맛의 화이트 와인

레드 와인편

○○바디라는 말은 레드 와인에 사용하는 경우가 많다.

맛

라이트 바디
떫지 않고 마시기 쉽다

어린 피노누아 품종, 일본산 등

미디움 바디
순하고 떫음도 적당하다

어린 부르고뉴나
보르도 와인, 호주산 등

미디움 바디
과실감이 풍부한 레드 와인

시라 품종, 그르나슈 품종 등

풀 바디
**부드럽고 감칠맛 있는
레드 와인**

카베르네 소비뇽 품종 등

풀 바디
단단하고 묵직한 레드 와인

오크통 숙성 와인,
캘리포니아산 등

요리

라이트 바디
일식 요리

피노누아 품종, 일본산
(간장 색에 가까운 와인이 최고)

라이트 바디
**토마토소스 요리,
햄, 소시지 요리**

떫음이 적은 레드 와인

미디움 바디
미트소스, 육고기 요리

가벼운 레드 와인,
떫음이 적은 레드 와인

풀 바디
비프스튜, 스키야키

순한 레드 와인부터 묵직한
레드 와인까지

라이트 바디 = 가벼운 색, 가벼운 떫음
미디움 바디 = 적당히 좋은 떫음
풀 바디 = 묵직한 색, 묵직한 떫음

식중독을 방지하고 미용에도 효과적인
화이트 와인

레드 와인은 포도 껍질과 씨도 함께 발효하기 때문에 떫은맛이 나지만, 폴리페놀 함유량이 풍부하다. 폴리페놀은 항산화 작용으로 노화를 막아주는 등 몸에 좋다고 알려져 있다. 그런데 사실 화이트 와인에도 건강에 좋은 물질이 함유되어 있다.

포도 과즙만으로 발효시키는 화이트 와인은 폴리페놀 양은 적지만 대장균, 살모넬라균 등에 의한 식중독을 막는 살균 효과가 레드 와인에 비해 몇 배나 더 높다. 이는 화이트 와인에 유기산이 많이 들어 있기 때문이다. 이것이 바로 '생굴에는 화이트 와인'이라고 하는 이유다. 또한 화이트 와인에는 샐러드볼 한 접시만큼의 미네랄 성분이 들어 있어 미용 효과도 뛰어나다.

화이트 와인은 신진대사를 촉진하고 부종을 막는 칼륨과 골다공증을 방지하는 칼슘, 마그네슘 등이 함유되어 있는 반가운 술이다.

와이너리 방문기 '부르고뉴 포도밭에서'

　필자는 20대 때 아버지와 함께 프랑스의 부르고뉴 지역에 있는 와이너리를 처음 방문했다. 현지 양조가 분들이 자신들의 포도밭에 데려다주셨는데, 구획마다 포도밭의 이름이 있었고 그 포도밭의 이름이 나중에 와인의 이름이 된다는 사실을 그때 처음 알았다.

　아버지가 "여러분은 훌륭한 양조가시군요."라고 말했는데 그들 중 한분이 "아닙니다. 우리는 뛰어난 양조가라고 생각하지 않아요. 그저 포도 재배 농가일 뿐입니다. 좋은 포도를 만드는 것이 우리의 일입니다."라고 대답하던 모습을 지금도 생생히 기억하고 있다.

　처음에는 그저 겸손하다고만 생각했는데 나중에 본격적으로 와인을 공부하면서 그 말의 의미를 깨닫게 되었다. 바로 '와인, 그것은 포도 그 자체'라는 것을 말이다.

와인 보관법은 와인의 종류와 병에 남아 있는 양에 따라 다르다.

기본적으로 마개를 단단히 닫아 냉장고나 서늘하고 어두운 곳에 보관하면 된다. 보관 기간의 기준은, 예를 들어 병에 절반 정도 남은 화이트 와인은 2~3일, 레드 와인은 4~5일가량 냉장고에 보관하면 충분히 맛을 즐길 수 있다. 이런 차이는 레드 와인에는 떫은맛의 근원인 탄닌이라는 자연적인 보호 성분이 함유되어 있는 반면, 화이트 와인은 신맛이 특징으로 '산화 속도'가 다르기 때문이다. 또한 와인이 3분의 1 정도밖에 남지 않았다면 보관하기보다는 가능한 한 빨리 마시는 편이 좋다. 병을 단단히 밀봉해도 안에 갇힌 공기의 양이 많아서 열화가 빨

라지기 때문이다.

신경이 쓰인다면 병 안의 공기를 빼는 도구인 와인 세이버를 사용하는 것을 추천한다. 또는 작은 병으로 옮겨 공기가 많이 닿지 않도록 하는 방법도 있다. 스파클링 와인 등 거품이 있는 와인은 탄산가스가 빠져버리기 때문에 그날 안에 다 마시는 것이 좋다. 다 마실 수 없다면 하루 정도 보존하는 데 효과가 있는 스파클링 와인 전용 스토퍼도 있다.

만약 깜박 잊고 냉장고에 보관한 와인의 날짜가 많이 지났는데 한 모금 마셔보니 위화감이 있다면, 요리에 사용하도록 하자.

개봉하지 않은 와인을 가정에서 보관할 때는 신문지에 싸서 가능한 온도 변화가 없는 서늘하고 어두운 곳에 두는 것이 좋다. 냉장고라면 야채칸이 좋다. 고급 와인을 즐기는 마니아라면 와인 셀러를 가지고 있겠지만 그렇지 않다면 냉장실의 야채칸으로 충분하다.

배큐빈(Vacuvin)의 와인 세이버

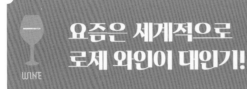

요즘은 세계적으로 로제 와인이 대인기!

최근 십여 년간 세계 와인 시장에서 가장 크게 성장한 와인은 바로 로제 와인이다. 로제 와인=단맛이라고 생각하기 쉬운데 꼭 그렇지는 않다. 대부분 드라이하고 깔끔한 맛이 난다.

1975년~2000년대는 묵직한 레드 와인을 선호했지만 2000년 이후부터 깔끔하고 청량한 로제 와인이 인기를 끌기 시작했다. 당시 파리의 와인바에서 "로제 와인이 왜 이렇게 인기가 많아요?" 하고 이유를 물어본 적이 있다.

바텐더에 따르면 2000년대 초반부터 세계 경제가 침체되고 금융 경제에도 어두운 그림자가 드리워지는 등 암울한 분위기가 사회 전반에 걸쳐 나타나면서 행복의 상징인 로제 와인으로 기운을 내려는 사람이 많아졌다고 한다.

로제 와인은 여름 와인이라고 치부했던 와인의 왕국 프랑스에서도, 이제는 계절과 무관하게 일상에서 로제 와인을 마시게 되면서 최근 소비량이 30%나 증가해 전례 없는 숫자를 기록했다고 한다. 이런 경향이 전 세계로 확산되면서 로제 와인의 소비량은 해마다 증가하는 추세다.

로제 와인의 가장 큰 매력은 뭐니 뭐니 해도 유리잔에 담았을 때의 아름다운 색이다. 잔에 담긴 로제 와인은 테이블을 화려하게 물들인다. 그래서 행복의 와인, 경사스러운 날에 빼놓을 수 없는 와인으로 인식되고 있다. 또 과실감 넘치는 풍부한 향과 청량한 맛은, 화이트 와인보다는 맛이 화려하고 레드 와인보다는 가볍게 마실 수 있어서 소비자에게 사랑받고 있다. 포도 품종에 따라 은은하고 부드러운 핑크, 아름다운 연어살이 연상되는 새먼핑크, 선명한 핑크 등 같은 로제 와인이라도 다양한 색감을 즐길 수 있다. 또한 로제 와인은 채소나 생선, 육고기 등 다양한 요리와도 궁합이 좋다. 개인적으로 일식에 로제 와인을 곁들이면 잘 어울린다는 생각이다. 꼭 한번 로제 와인에도 도전해보기를 바란다.

프랑스

세계적으로 유명세를 자랑하는 와인

와인은 프랑스에서 시작해 프랑스에서 끝난다고 해도 좋을 정도로, 세계적으로 유명한 산지가 많다. 북쪽의 냉량한 샹파뉴 지방부터 남쪽의 지중해와 면한 온난한 프로방스 지방에 이르기까지 국토 전체에서 다종다양한 와인을 생산하고 있다. 특히 와인의 여왕으로 불리는 보르도와 와인의 왕으로 불리는 부르고뉴는 프랑스 와인 양대 산지로 유명하다.

프랑스 와인은 기원전 600년경 그리스인들이 마르세유 지역에 포도 재배를 전하면서 시작되었다. 종교적 갈등과 전쟁을 이겨내고 포도 재배에 가장 적합한 강을 따라 펼쳐진 지역이 지금 프랑스의 와인 산지다.

 스페인

양질의 포도로 생산하는 가성비 좋은 와인

세계 제일의 포도 재배 면적을 자랑하는 스페인. 포도 재배는 프랑스나 이탈리아보다 빠른 기원전 1100년경부터 이루어졌지만 복잡한 역사적 배경으로 본격적인 와인 제조가 정착된 것은 15세기 이후의 일이다. 템프라니요 같은 토착종 외에 외래종도 적극적으로 도입하여 다양한 포도 품종을 재배하고 있다. 스페인 와인의 매력은 가성비가 뛰어난 제품을 많이 생산해낸다는 점이다. 산지별로 가성비 좋은 와인을 찾을 수 있어 부담 없이 다양하게 즐길 수 있다.

유럽
3대 와인
산지의 특징

 이탈리아

20개 주 전역에서 생산되는 밝고 활기찬 맛의 와인

생산량과 출하량에서 모두 세계 정상급인 이탈리아 와인은 유럽 와인의 뿌리라고 할 수 있다. 와인의 신 바쿠스가 시칠리아에 와인 만드는 법을 전수했다고 전해질 정도다.

프랑스 와인보다 역사가 오래되었으며 기원전 8000년경부터 포도 재배가 시작되었다고 한다. 이탈리아 와인의 가장 큰 특징은 '국토 전체가 와인 산지'라는 것이다. 나라의 모든 곳이 와인 산지인 곳은 세계적으로도 이탈리아뿐이다. 장화에 비유되는 이탈리아의 변화무쌍한 지형은 온난한 지중해성 기후의 영향으로 포도 재배에 최적의 환경이며 20개 주 각 산지에 따라 다양한 맛을 즐길 수 있다.

미국이나 남미, 호주, 뉴질랜드, 남아프리카 등 역사가 길지 않은 이른 바 뉴월드 와인도 유럽 못지않은 훌륭한 와인을 생산하며 최근 30년 사이에 크게 변화하고 있다.

미국 와인은 전체 생산량의 90%를 캘리포니아주가 차지하고 있으며 워싱턴주와 오리건주, 뉴욕주 등에서도 와인을 생산하고 있다. 그 중에서도 부티크 와이너리로 불리는 소규모 업체들이 최첨단 기술을 이용해 유럽 와인에 필적하는 품질 좋은 와인을 잇달아 내놓으면서 국제적으로도 높은 평가를 받고 있다. 유럽이 원산지인 대부분의 와인 사이에서, 캘리포니아만의 개성 넘치는 와인의 탄생은 많은 와인 팬들을 매료시키고 있다.

아르헨티나, 칠레 등 남미 와인은 16세기 초 스페인 선교사들이 미사 용으로 포도를 재배해 만든 것이 시초라고 한다. 이 지역은 기온이 낮고 강수량도 적어 병해가 적고, 농약을 사용하지 않아도 양질의 포도를 수확할 수 있기에 종류가 다양한 와인이 생산되고 있다. 가격도 저렴한 것부터 개성이 강하고 고급스러운 것까지 즐길 수 있다는 점도 인기 비결 중 하나다.

남미와 마찬가지로 넓은 대지를 가진 호주는 비교적 냉량한 지역인 서해안의 남쪽과 남동쪽을 중심으로 포도 생산지가 분포되어 있는데, 동서로 약 3,000km나 된다. 와인의 역사는 200여 년으로 짧지만 포도 재배에 적합한 환경에서 안정적이고 질 높은 와인을 많이 생산해내고 있다.

시라와 쉬라즈는 다르다?

남프랑스가 원산지인 적포도 품종 '시라(Syrah)'는 마시기가 편해 인기가 많은데, 비슷한 이름으로 호주 포도 품종 '쉬라즈(Shiraz)'가 있다. 유럽에서 들여온 시라 품종이 호주의 기후와 토양에 훌륭하게 적응하여 독자적인 진화를 이룬 것이다. 남프랑스의 떫은맛이 나는 시라와는 또 다른, 부드럽고 풍부한 과일 향의 레드 와인을 생산할 수 있어서 현재는 호주 및 뉴질랜드에서 레드 와인의 주력 품종으로 인기를 끌고 있다.

지금 주목받고 있는 지중해 와인

그리스, 크로아티아, 알제리, 몰도바, 루마니아 등 흑해 연안과 지중해 연안은 와인 발상지이자 훌륭한 와인 산지다. 온난한 지중해성 기후는 포도 재배에 적합하며, 지중해에 있는 많은 섬들도 포도를 들여와 와인 생산에 박차를 가하고 있다. 레드, 화이트, 로제 불문하고 매력적인 와인이 많이 쏟아져 나와 필자도 매번 그 맛에 놀란다.

와인을 좋아하는 분들께 드리는 선물로도 추천한다.

크로아티아 와인

와인명에 '샤토'나 '도멘'이 붙는 이유는?

'샤토(Château)'나 '도멘(Domaine)'이라는 명칭이 적힌 와인을 보거나 들어봤을 것이다. 이는 와인을 생산하는 제조자에게 붙는 말로, 생산 지역에 따라 그 호칭이 다르다.

둘 다 프랑스 와인에 해당하는데, 보르도 지방에서는 성(城)을 뜻하는 샤토, 부르고뉴 지방에서는 소유자를 뜻하는 도멘을 붙인다. 둘 다 포도밭을 소유하고 포도 재배부터 병입까지 모두 직접 하는 생산자를 가리킨다.

샹파뉴 지방에서는 집을 뜻하는 '메종(Maison)', 스페인에서는 양조장이나 생산자를 뜻하는 '보데가(Bodega)', 영어권에서는 '와이너리(Winery)'가 이에 해당한다.

보르도 지방의 샤토(Château)

'일본 와인'과
일본의 '국산 와인'의 큰 차이

필자는 최근 일본 와인이라는 말을 자주 보고 듣는다. '일본 와인'은 일본 내에서 수확된 포도만을 원료로 생산한 와인을 뜻한다. 한편 '국산 와인'은 일본 내에서 병입된 모든 와인을 뜻한다.

일본 와인을 가장 많이 생산하는 지역은 야마나시현이지만 국산 와인은 가나가와현이다. 그 이유는 가나가와현 요코하마 부근에 위치한 대형 제조사의 공장에서 해외에서 들여온 포도 과즙이나 농축 환원 주스 등을 혼합하여 병에 담아 출하하는 와인이 많기 때문이다.

실제로 2018년도 일본 국세청 자료에 따르면 일본 제조 와인 중 '일본 와인' 생산량은 20%에 불과했다. 요점은 일본 내에서 제조, 즉 병입한 와인의 80%는 해외 포도 머스트(발효 직전 발효 원료)나 포도 주스가 원료라는 것이다. 안타깝게도 마트나 편의점에서 판매되는 종이팩이나 페트병에 든 와인은 거의 이런 와인이다. 뒷면 라벨을 보면 그 사실을 확인할 수 있다. 이는 와인 강국인 프랑스나 이탈리아에서는 생각할 수 없는 일이다.

그럼 일본에서는 왜 이런 일이 일어났을까? 그것은 일본에서 와인 시장이 급속히 성장하는 동안, 일본에서 생산되는 와인용 포도가 충분하지 않아서 해외에서 수입한 와인이나 포도 과즙 등을 섞어 만드는 방식에 의존할 수밖에 없었기 때문이다. 또한 당시 일본에는 포도의 원산지나 포도 품종, 양조 방법 등을 정의한 법률이 아예 없었고, 국세청이 관리하는 '주세'를 기준으로 만든 주세법이나 주류의 공정 경쟁 규약이 정한 사항만 존재했다.

그래서 국산 와인이라고 표기되어 있지만 내용물이 100% 일본산인 것은 적고, 있더라도 생산량이 적은 일본산 포도로 만들기 때문에 진짜 일본산 와인은 가격이 비쌌다.

드디어 진짜
'일본 와인'의 시대가 왔다!

그러던 중 2018년에 시행된 국세청의 '과실주 등 제조법 품질 표시 기준'에 따라, 일본산 포도만을 원료로 하는 과실주에는 '일본 와인'이라는 표시가 가능해졌다. 또한 수입 원료를 사용한 와인은 그 사실을 라벨에 명기해야 했다. 이렇게 해서 2018년 10월 30일부터 '일본 와인'이라는 말이 정식으로 선보이게 되었다. 그뿐만 아니라 ① 포도를 수확한 지역의 이름을 기재할 때에는 그 지역에서 수확한 포도를 85% 이상 사용해야 한다. ② 포도 품종명을 라벨에 기재할 경우에는 해당 품종을 85% 이상 사용해야 한다. ③ 연호를 기재할 경우에는 수확한 연호의 포도를 85% 이상 사용해야 한다. 등과 같이 세계 각국의 와인법에 가까운 법률이 정해졌다.

일본의 지리적 조건에서는 양질의 와인용 포도 재배가 어렵다고 여겨졌지만, 현재 많은 양조가와 연구자에 의한 토양 개량이나 품종

개량 등으로 일본 토양에 맞는 양질의 포도가 생산되고 있다. 또한 2003년에 시작된 구조 개혁 특구 제도로 지방에서 와이너리 창업이 용이해졌고, 2009년 농지법 개정으로 밭 소유가 쉬워졌다. 이런 이유로 직접 포도 재배를 하는 양조 형태가 급증했

다. 일본 내 소규모 와이너리는 최근 몇 년 사이 계속 증가해 2019년 국세청 자료에 따르면 331개의 와이너리가 존재한다.

일본 와인 라벨에 그려져 있는 GI는 어떤 의미?

일본산 와인의 라벨에 최근 'GI'라는 표시가 많아지고 있다. GI란 2015년 시행된 '지리적 표시Geographical Indication 보호 제도'를 뜻하며 정부가 인정한 지리적 표시를 독점적으로 사용할 수 있다.

GI 표시는 규정을 통과한 고품질의 상품이어야 하며, 사회적으로도 높은 평가를 받는 경우, 상품의 산지와 본질적인 연결고리가 있는 경우에 해당 지역명을 독점적으로 명명할 수 있다. 예를 들어 식품으로는 고베 비프神戶ビーフ와 유바리 멜론夕張メロン, 핫쵸 된장八丁味噌 등이 있다. 주류 분야에서도 국세청의 GI 협정에 근거해 와인은 야마나시현과 홋카이도가 최초로 인정받았으며 계속해서 그 수가 늘고 있다.

산화방지제에 관하여

와인 뒷면 라벨에 표기되어 있는 '산화방지제(아황산염)' 문구를 방부제로 오인하여 과민하게 반응하는 사람이 많은 듯하다. 와인에는 '산화방지제=SO_2(이산화황)'가 첨가되어 있다. SO_2가 와인에 사용된 것은 와인이 번성하던 고대 로마 시대부터다. 그 증거로 기원전 이집트 유적에서 발견된 와인 양조에 사용하던 용기에는 살균을 위해 유황을 태운 흔적이 있다.

포도즙만으로 만드는 와인에는 자연계의 다양한 야생 효모가 들어가 다양한 작용을 일으킬 수 있다. 이런 작용 중에 하나가 산화다. 산화된 와인의 맛은 시큼하다. 아황산염은 산화를 막아주는 중요한 역할을 한다. 또 동시에 부패를 방지하는 효과도 있다.

그런데 일본에서는 '산화방지제 무첨가 와인'이라는 제품이 대량 생산되어 저렴하게 판매되고 있다. 이는 산화 방지를 하지 않아도 되는 가열된 포도 과즙이나 농축 환원 포도 주스를 대량으로 사용하기 때문이다. 이러한 와인은 뒷면 라벨의 원료 표시를 확인해보면 농축 환원 과즙이나 열처리된 농축 과즙이라는 문구가 있다.

이들 제품은 지금까지 소개한 와인과는 완전히 다른 술임을 명백히 밝히는 바이다. 본래의 와인 과즙에서 나오는 풍미는 느낄 수 없으며 요리에 사용하는 것도 추천하지 않는다.

와인에 사용하는 산화방지제의 양은 규정 이하로 지켜진다. 양조가는 와인을 보호하기 위해 첨가물을 최대한 적게 사용한다. 와인을 맛있게 유지하기 위해 필요 불가결하므로 이해해주시기를 바란다.

산화방지제를 첨가하는 이유
❶ 발효 시 과다 산화 방지 및 부패를 방지하는 살균 효과
❷ 병 속에 남은 효모의 기능을 억제하는 효과
❸ 수송 중이나 보존 중에 일어나는 산화에 의한 열화 방지

집에서 즐기는 와인 칵테일

- 화이트 와인 + 탄산수 → 와인 스프리처Wine Spritzer
- 화이트 와인 + 진저에일에 레몬 짜 넣기 → 오퍼레이터Operator
- 화이트(레드) 와인 + 오렌지 주스 → 와인 쿨러Wine Cooler
- 레드 와인 + 탄산수 → 스프리처 루즈Spritzer Rouge
- 레드 와인 + 진저에일 → 키티Kitty
- 레드 와인 + 콜라 → 칼리모초Calimocho

궁극의 와인 칵테일
'상그리아(Sangria)'

저렴한 와인에 좋아하는 과일을 잘라
서 샐러드용 큰 그릇이든 큰 잔이든
자유로운 스타일로 담기만 하면 된다!
홈파티용으로 큰 인기다. 화이트
와인이든 레드 와인이든 상관없
으며, 절인 과일로도 만들 수 있다.

스파클링 와인

거품이 있는 발포성 와인을 총칭하여 스파클링 와인이라고 한다.

인생의 고비를 넘긴 소중한 축하와 승리의 축배 자리에 빼놓을 수 없는

'샴페인'을 시작으로, 크리스마스나 기념일뿐만 아니라

지금은 일상에서도 즐기는 스파클링 와인.

아름다운 거품이 유리잔에 피어오르면 누구나 행복한 기분이 든다.

본고장 프랑스를 비롯하여 이탈리아, 스페인, 독일, 호주 등

세계 각국에서 각각의 전통적인 제조법에 따라 만들어지고 있다.

이처럼 매력 넘치는 스파클링 와인은

전 세계가 즐기는 술로 자리매김하고 있다.

스파클링 와인의 기원

거품이 들어간 와인에 대한 가장 오래된 기록은 522년의 문헌이다. 아직 발효 원리에 대해 해명되지 않은 시대에 와인에서 거품이 뿜어져 나오는 기묘한 현상은 일종의 결함이라고 인식되었다.

프랑스의 발포성 와인은 1516년 남프랑스 랑그독Languedoc 지방에서 생산되었던 것으로 알려져 있다. 당시에는 자연 현상이 겹쳐 의도치 않게 우연히 와인이 발포한 것으로 생각했다. 그로부터 100여 년이 지나 1680년경이 되자 사람들을 매료시킬 '샴페인'이 탄생한다.

샴페인은 전 세계의 수많은 스파클링 와인 중 하나다. 프랑스 최북부의 와인 산지인 샹파뉴Champagne 지방의 샹파뉴 제조법으로 만드는 스파클링 와인으로, 특별한 가치를 인정받고 있다.

샹파뉴 지방에서는 4세기경 로마인에 의해 포도가 반입되어 거품이 없는 와인이 만들어지기 시작했다. 고대 프랑스는 로마 진영의 지배를 받았는데, 샹파뉴의 지명이 평원을 뜻하는 로마어인 '캄파뉴Champagne'임을 봐도 알 수 있다.

다만 이 샹파뉴 지방은 프랑스 포도 재배지에서도 북쪽 한계선에 위치하기 때문에 냉량한 땅에서 비발포성 와인을 만들기는 환경적으로 어려운 실정이었다. 결국 샹파뉴 지방 사람들은 수 세기에 걸쳐 연구하고 노력한 끝에 거품이 들어간 와인을 만들어냈다. 이 거품이 든 와인은 영국인들에게 호평을 얻고 귀족의 술, 출정 전 사기를 높이고 축배에 빼놓을 수 없는 술이 되었다.

17세기 후반의 샴페인은 발포성이 있는 달콤한 와인으로 사랑받았지만 영국인들이 좋아하는 드라이한 맛을 추구하면서 19세기 이후부터는 현재 사랑받는 드라이한 타입이 주류가 되었다. 샴페인을 비롯해 세계 각국에서는 그 땅의 포도와 전통 제조법을 살린 스파클링 와인 만들기가 크게 확대되고 있다.

스파클링 와인은 영어권에서 사용하는 말이며, 샹파뉴와 같은 제조법을 추구하는 스페인에서는 까바Cava라고 하는 등 나라별로 부르는 호칭이 다르고 지역별로도 다르다. 또한 스파클링 와인보다 가스 압력을 약하게 한 세미 스파클링 와인은 부드러운 느낌이 호평을 받으며 최근에 인기가 높아지고 있다.

| 영어권 | **스파클링 와인(Sparkling Wine)** |
| | 한국, 일본, 미국, 호주, 칠레 등 |

 프랑스 **뱅 무쇠(Vin Mousseux)**
샹파뉴(Champagne, 샹파뉴 지방)
크레망(Crémant) +지역명(크레망 드 브루고뉴 등)
페티앙(Pétillant, 세미 스파클링)

 이탈리아 **스푸만테(Spumante)**
프로세코(Prosecco, 베네토주)
프란치아코르타(Franciacorta, 롬바르디아주)
브라케토 다퀴(Brachetto d'Acqui, 피에몬테주)
람부르스코(Lambrusco, 천연 약발포)
프리잔테(Frizzante, 세미 스파클링)

 스페인 **에스푸모소(Espumoso)**
까바(Cava, 카탈루냐 지방)

 독일 **샤움바인(Schaumwein)**
젝트(Sekt)
페를바인(Parlwein, 세미 스파클링)

샴페인에 관하여

SPARKLING WINE

화려하고 고급스러운 이미지의 샴페인은 라벨에 반드시 'CHAMPA-GNE'이라고 표기해 현지 프랑스는 물론이고 전 세계적으로 특별한 취급을 받고 있다. 특히 모엣 샹동 Moët & Chandon, 뵈브 클리코 Veuve Clicquot, 뽀므리 Pommery 등이 유명 브랜드로 알려져 있다.

2015년에는 샹파뉴 지방의 포도밭, 제조 와이너리, 지하 저장고가 유네스코 세계유산으로 등재되었다. 루이 14세, 나폴레옹, 처칠, 그리고 오드리 헵번, 마릴린 먼로도 샴페인을 즐겼다. 지금도 연간 약 2억 병이 생산되는 샴페인은 축배의 상징으로 전 세계인이 즐겨 마시고 있다.

'샹파뉴'가 정식 명칭이며 영어권에서는 '샴판'에 가깝게 발음된다. 둘 다 틀린 것은 아니지만 산지명인 '샹파뉴'가 A.O.C.(원산지 호칭)로 지정되어 있다.

라벨에 'CHAMPAGNE'이라고 기재하려면 프랑스의 와인법에 따른 많은 규제를 받는다. 예를 들어 샹파뉴 지방의 특정 구획에서 수확된 포도만 사용할 수 있다. 포도는 지정된 품종으로 제한한다. 160kg의 포도에서 얻는 착즙의 양은 102ℓ까지이다. 수확은 모두 손으로 해

89

야 한다. 전통 제조법인 병내 2차 발효에 의해 만들어져야 한다. 이밖에도 알코올 도수와 규정된 병내 숙성 기간 등 많은 항목을 지켜야 한다.

샹파뉴 지방의 생산자들은 다양한 규정과 제조법을 지키고 샴페인의 명성을 이어가기 위해 수백 년 전부터 스스로 노력해왔다. EU가 된 현재에도 EU 와인법에서 샴페인은 다른 스파클링 와인과는 별개의 특별한 존재로 인정받고 있다.

샹파뉴 지방의 포도밭

샴페인이 만들어지는 과정

먼저 포도즙을 발효시켜 화이트 와인을 만든다(다음 페이지 참조). 이 상태는 1차 발효된 스틸 와인(비발포)이다. 다음으로 빈티지가 다른 화이트 와인을 조합하여 기본적인 맛을 결정하고 병에 담는다. 거기에 효모와 당분을 첨가하여 자연스럽게 병 속에서 두 번째 알코올 발효가 이루어지도록 한다. 이것을 '병내 2차 발효' 또는 '샹파뉴 방식'이라고 하며 샴페인은 반드시 이 방식을 고수한다. 병은 발효하는 용기 중 가장 작고, 손이 정말 많이 가는 방식이다. 병을 거꾸로 눕혀 침전물이 모인 부분을 제거하고 줄어든 만큼 다시 베이스 화이트 와인을 보충한다. 단맛의 정도는 설탕 리큐어로 조절한다. 샴페인은 이 모든 과정이 수작업으로 이루어진다.

샴페인 외의 대다수의 스파클링 와인은 탱크 안에서 2차 발효시키거나 탄산가스를 주입하는 등 다양한 방법을 사용한다. 참고로 스파클링 와인 중 샹파뉴 방식으로 만드는 제품도 있다.

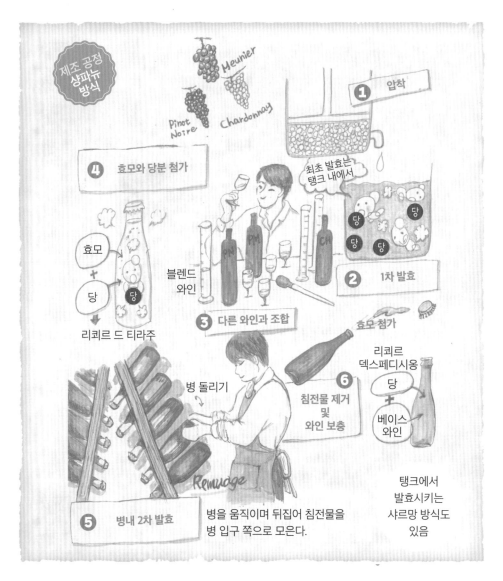

제조 공정
상파뉴
방식

Heunier

Pinot Noire

Chardonnay

① 압착

④ 효모와 당분 첨가

최초 발효는
탱크 내에서

효모
+
당

당

PN   PM   CH

블렌드
와인

② 1차 발효

③ 다른 와인과 조합

리쾨르 드 티라주

효모 첨가

리쾨르
덱스페디시옹

당

베이스
와인

병 돌리기

⑥ 침전물 제거
및
와인 보충

Remuage

⑤ 병내 2차 발효

병을 움직이며 뒤집어 침전물을
병 입구 쪽으로 모은다.

탱크에서
발효시키는
샤르망 방식도
있음

① 수확한 포도를 으깨어 포도 주스를 만든다. (압착) ※ 화이트 와인 제조법과 동일

② 포도의 당분과 효모로 자연스럽게 발효, 화이트 와인의 탄생. (1차 발효)

③ 다른 해에 만든 화이트 와인을 혼합하여 베이스 와인을 만든다. (아상블라주, 94p.)

④ ③을 병에 담고 효모와 당분을 혼합한 리큐어를 더한다. [리쾨르 드 티라주](병입)

⑤ ④에 의해 알코올 발효가 자연스럽게 시작된다. (병내 2차 발효)

⑥ 병 바닥에 쌓인 침전물을 제거하고 줄어든 만큼 보충하면서 단맛을 조절한다. (침전물
　 제거, 당분 보충, 당도 조절, 도자쥐, 110p.)

샴페인에 사용하는 포도 품종 세 가지

SPARKLING WINE

[샤르도네Chardonnay]

[피노누아Pinot Noir]

[피노뫼니에Pinot Meunier]

정식으로는 이 밖에도 네 가지 품종의 포도를 사용할 수 있는데, 이 세 품종이 주를 이루며 샹파뉴 전체 포도 재배 면적의 99% 이상을 차지한다. 이 품종으로 만든 화이트 와인의 여러 빈티지를 조합하여 베이스 와인을 만든다.

보통 피노누아와 피노뫼니에는 거봉과 같은 적포도 품종이라서 레드 와인용 포도이지만 샹파뉴에서는 껍질을 사용하지 않고 과즙만으로 화이트 와인을 만들어 샴페인을 제조한다.

샴페인의 아버지 '돔 페리뇽'

샴페인은 과거부터 지금까지 변함없이 인기가 많은데, 자연계의 우연으로 만들어진 샴페인을 더욱 맛있고 안정적으로 만들기 위한 제조법을 확립한 것은 베네딕트파 수도사 피에르 페리뇽 Pierre Pérignon이었다.

피에르 수도사는 19세 때 샹파뉴 지방 에페르네의 오빌레르 수도원에 들어갔다. 유럽에서는 옛날부터 수도원에서 미사를 위한 와인이나 맥주를 만들었는데, 오빌레르 수도원도 와인을 만들고 있었으며 피에르 수도사는 에페르네 지역의 포도를 모아 와인을 만들고 수확년도가 다른 와인을 블렌딩하여 보다 질 높은 와인 만들기에 전념했다. 이것이 바로 훗날 샹파뉴의 진수가 된 혼합 방식인 '아상블라주 Assemblage'이다.

모엣 샹동의 돔 페리뇽 동상

피에르 수도사는 이 블렌딩 방식과 와인에서 뿜어져 나오는 거품을 병 안에 가두는 제조법을 확립했을 뿐만 아니라 포도밭 토양 개량과 적포도에서 화이트 와인을 만드는 방법, 거품 기압에 견디는 병 만들기까지, 사망하기 전까지 47년의 세월에 걸쳐 샴페인을 연구했다. 이후 샹파뉴의 와인 제조 기술은 크게 향상되었고 순식간에 전 세계적으로 인기를 얻어 많은 사람에게 사랑받는 와인이 되었다. 피에르 수도사의 공적이 현대 샴페인을 낳았다고 해도 과언이 아니다.

'돔 페리'라고 줄여서 말하는 사람도 많은데 정식 이름은 '돔 페리뇽(Dom Péri-gnon)'이며 프랑스 샹파뉴의 모엣 샹동이 만드는 샴페인의 제품명이다. 샴페인의 아버지 '피에르 페리뇽'에서 따온 이름으로 '돔'이라는 경칭을 붙여 피에르 수도사에 대한 경의를 표했다.

그가 평생을 바친 수도원과 그 포도밭을 소유한 모엣 샹동사가 돔 페리뇽 상표권을 얻었고, 1921년 빈티지를 1936년에 '돔 페리뇽'이라는 이름으로 처음 출시한 것이 탄생의 유래이다.

논빈티지와 빈티지

SPARKLING
WINE

샴페인 중에서도 연도가 들어간 '빈티지 샴페인'은 특별하다.

일반 샴페인은 '논빈티지NV, Non Vintage'라고 해서 연도가 적혀 있지 않지만 샴페인에 연도가 쓰여 있다면 그해 수확한 포도만을 사용했다는 의미이기 때문에 특별한 샴페인으로 취급한다. 프랑스어로 빈티지는 '밀레짐Millesime'이라서 밀레짐 샹파뉴라고도 한다.

그런데 왜 일반 샴페인에는 연호가 없을까?

그것은 앞에서 이야기한 것처럼 샴페인은 수확년도가 다른 포도로 만들어진 화이트 와인을 블렌드아상블라주해 기본적인 맛을 내기 때문이다. 블렌드야말로 샴페인의 맛을 결정하는 중요한 첫 걸음인 것이다.

그럼 왜 굳이 블렌딩을 하는 걸까?

샹파뉴 지방은 프랑스 와인 산지에서 가장 북쪽에 위치하기 때문에 재배 조건이 까다로운 땅이다. 포도 작황은 날씨와 기온에 좌우되

빈티지

논빈티지(NV)

기 쉬워서 매년 편차가 생긴다. 그래서 수세기 전부터 샹파뉴에서는 뛰어난 와인을 만들기 위해 여러 가지 궁리를 해왔는데, 그중 일정한 품질을 유지하기 위한 제조법으로 피에르 펠리니옹 수도사가 만들어낸 블렌드 방식이 정착하였다.

예를 들어 'A'라는 브랜드의 제품이 항상 동일한 맛의 퀄리티를 유지해야 하는데, 작황이 좋지 않은 해가 있다면, 이때 몇 년간 생산해온 맛이 다른 화이트 와인을 미묘하게 블렌딩하여 맛을 균일화한다. 이는 사람이 직접 맛을 보며 결정해야 하는 고도의 블렌딩 기술이 필요하다.

대부분의 샴페인이 이런 방식을 취하는 데 비해 '연호'가 기재된 빈티지 제품은 포도 작황이 좋아서 좋은 와인을 만들 수 있다는 확신이 있는 해에 만들어진다. 그렇기 때문에 매년 반드시 빈티지 샴페인을 만들 수는 없으며, 그런 의미에서 빈티지 제품은 특별하다.

앞서 소개한 '돔 페리뇽'도 마찬가지이며 환상의 샴페인이라고 불리는 '살롱Salon'은 지난 100년 동안 37번밖에 만들어지지 않았다. 최근에는 2002년, 2008년, 2015년, 2018년이 그레이트 빈티지로, 현시점에서 2008년산까지만 출시되어 있다. 왜냐하면 빈티지 샴페인은 3년 이상 숙성해야 한다는 규정이 있기 때문이다. 게다가 살롱은 10년 정도 병내 숙성을 시킨다.

그리고 포도 품질이 뛰어난 해에 만든 화이트 와인은 '리저브 와인 Reserve Wine'이라고 해서 어느 메종이든 저장해둘 의무가 있다. 이는 포도 작황이 나쁜 해를 고려한 보험과 같은 역할을 해준다. 훌륭한 리저

브 와인을 얼마나 보유하고 있느냐가 훌륭한 샴페인 탄생의 열쇠가 되는 것이다.

희귀한
로제 샴페인

샴페인 중에는 빈티지만큼이나 고급스럽다고 평가받는 '로제Rosé'도 있다.

'장밋빛'이라는 의미이며 연한 핑크색으로 빛나는 로제 샴페인은 가격도 매우 비싸다. 샴페인 전체로 보면 로제의 비율은 겨우 12% 정도밖에 되지 않는다. 품질이 더 좋은 포도가 필요하고 제조법도 매우 어렵기 때문이다.

로제 샴페인을 만드는 방법은 생산자에 따라 다르지만 포도를 절이는 시간이나 포도 품종, 첨가하는 레드

100년 동안 37번만
만들어진 '살롱'

와인의 비율에 따라 핑크색의 진하고 옅음이 달라진다. 로제는 샴페인 중에서도 아주 소량만 만들어지는 특별한 샴페인이다. 선물로는 더할 나위 없지만 가끔은 열심히 살아온 자신에 대한 선물로 로제 샴페인을 즐기거나 인생 최고의 날을 축하해보면 어떨까.

샴페인의 거품은
사라지지 않는다?

샴페인을 잔에 따르면 '진주 목걸이'로 불리는 미세한 기포가 흩날리며 춤을 춘다. 이 모습만 보고 있어도 행복하다. 기포를 통해 품질이 좋은 스파클링 와인인지 아닌지 간단하게 구분하는 방법을 알려드리겠다.

품질이 좋은 제품은 기포가 똑바로 피어오르며, 시간이 지나도 기포가 사라지지 않고 동일한 크기의 기포가 유리잔 바닥에서 끊임없이 피어오른다. 반대로 기포가 똑바로 올라가지 않는 제품은 품질이나 관리 상태에 문제가 있거나 잔이 더러워져 있는 등의 이유를 생각할 수 있다. 실제로 샴페인의 거품은 좀처럼 사라지지 않지만 저렴한 스파클링 와인의 거품은 금방 사라져버린다.

예전에 샹파뉴를 방문했을 때 들었던 인상 깊은 말을 소개하겠다.

"샹파뉴의 거품이 사라지지 않는 것은 이 거품이 당신의 행복을 영원히 축복하고 있기 때문이에요. 수많은 거품이 당신의 영원한 행복을 약속하는 거죠."

무수히 피어오르는 아름다운 진주 목걸이는 영원한 행복을 축복한다는 의미이다. 그렇기 때문에 샴페인은 축하에 빠질 수 없는 술이다.

샴페인은 오감으로 즐기는 술로도 알려져 있다. 개봉할 때와 잔에 따를 때 들리는 소리를 듣고, 잔 속 샴페인의 색감과 거품의 모습을 눈으로 보고, 잔을 입에 가까이 댔을 때의 우아한 '향기'를 맡고, 한 모금 머금었을 때의 청량하고 매끄러운 맛을 감상한다. 그리고 그것들이 모두 합쳐져 몸이 반응하는 '미소와 기쁨'을 즐긴다.

이처럼 오감을 자극하는 술이라는 점이 샴페인의 가장 큰 매력 아닐까 싶다.

거품 유지를 위한 샴페인 잔의 비밀

잔 속에서 무수히 피어오르는 샴페인의 기포는 우아하고 아름다워서 눈을 즐겁게 해준다. 샴페인의 특별한 맛은 이 거품에 있다고 해도 과언이 아니다. 사실 더 예쁜 거품을 내기 위한 비밀이 샴페인 잔에도 숨겨져 있다. 바로 잔 안쪽 바닥에 일부러 낸 '흠집'이다.

병에 갇힌 탄산은 자연적으로 생기는 것이며 거품이 섬세할수록 샴페인의 맛은 더 좋아진다. 그래서 유리잔 바닥에 흠집을 내고 거품을 촉진시키는 것이다.

샹파뉴 지방의 아르덴느 대학에서는 샴페인 잔의 흠집을 연구했는데 샴페인이 가장 맛있어지는 거품을 만들려면 30개의 흠집이 필요하며 이렇게 하면 초당 300개의 기포가 일어난다고 분석했다.

숙성 기간이 샴페인의 생명

SPARKLING
WINE

97페이지에서 빈티지 샴페인은 3년 이상 숙성해야 한다고 설명했는데 최고급품은 6~7년 숙성시키기도 한다. 또한 일반적인 논빈티지도 15개월 숙성이 의무화되어 있다. 샴페인의 특유한 맛은 이 숙성 기간 동안 만들어진다.

샴페인을 숙성시키는 저장고는 저온을 유지하기 위해 지하에 만들며, '카브Cave'라고 한다. 샹파뉴에서 카브를 견학한 적이 있는데 그 크기에 깜짝 놀랐다.

대형 메종은 수천만 병의 샴페인을 몇 년씩 숙성하기 때문에 규모가 커야 한다. 돔 페리뇽이 잠든 모엣 샹동사의 카브는 지하 1,030m에 길이 28km의 복도가 있어 마치 미로와도 같다. 서늘하고 어두컴컴한 카브에서 출하를 기다리고 있는 샴페인을 보고 있으면 엄숙한 기분마저 든다.

오른쪽 사진은 샹파뉴 도츠(Champagne DEUTZ)의 메종과 카브

천사의 박수와 천사의 속삭임

스파클링 와인을 개봉할 때는 '펑' 하는 소리를 내며 힘차게 여는 경우와 조용히 살짝 여는 경우가 있다. 둘 다 잘못된 방식은 아니지만 서로 다른 의미가 있다.

전자는 매우 기쁜 일이 생겨 동료나 가족과 시끌벅적하게 즐길 때의 방식이다. '펑' 하고 기운찬 소리를 내며 코르크 마개가 튀어 오른다. 이 소리를 '천사의 박수'라고 한다. 세계적인 자동차 경주 대회인 F1 그랑프리 등에서는 '샴페인 파이팅'이라고 해서 일부러 병을 흔들어 단상에서 샴페인 뚜껑을 화려하게 터트린다. 그 모습을 본 사람들은 다들 박수를 친다.

후자는 레스토랑 등에서 고가의 샴페인을 마실 때의 방식이다. 소믈리에가 최대한 소리가 나지 않도록 천천히 코르크를 돌려 병 속의 민감한 거품이 놀라지 않도록 조용히 연다. 천천히 가스를 빼면 '쉿' 하는 작은 소리가 나면서 열린다. 이 소리를 '천사의 속삭임' 또는 '천사의 한숨'이라고 한다. 모두가 침을 삼키고 지켜보는 가운데 천사가 빙그레 미소 짓는 듯하다.

샴페인 & 스파클링 와인을 멋지게 즐기는 법

SPARKLING WINE

❶ 잔 고르기

샴페인이나 스파클링 와인을 즐길 때 유리잔은 캐주얼한 파티 등에서 자주 보이는 낮은 모양의 쿠페Coupe형 잔과 가늘고 긴 모양의 플루트 Flute형 잔이 있다.

쿠페형은 입구가 넓어 붓기 쉽고 잘 쏟아지 지 않는다는 이유로 파티 등에서 널리 사용된다.

플루트형은 가늘고 길어서 탄산가스가 빠지 는 것을 최소화해주고 기포가 잘 일어나게 하여 눈으로 즐길 수 있다.

플루트형   쿠페형

❷ 적정 온도로 맛보기

샴페인이나 스파클링 와인도 화이트 와인과 마찬가지로 차갑게 마시 며 최적의 온도는 8~10℃ 정도다. 지나치게 차가우면 맛을 잘 느끼지 못하고 향기도 잘 나지 않는다. 반면에 10℃ 이상이 되면 상쾌한 맛이 사라지고 무거워져버린다. 그래서 샴페인 쿨러를 준비해서 마실 때도 온도를 유지하는 것이다. 병을 차갑게 식힐 때는 얼음과 물을 넣은 샴

페인 쿨러에 15~20분 정도 넣어두면 적당한 온도대가
된다.

일반 와인은 1분이면 1℃가 차가워지지만 스파클
링 와인은 가스압 때문에 병이 두껍다. 그래서 다소
시간이 걸린다. 냉장고에서 식힌다면 3~4시간 이상
제대로 식혀두는 것이 좋다. 다만, 시간이 없다고 냉동실
에 넣는 것은 절대 금물이다. 맛도 거품도 나지 않게 된다.

❸ 구입한 샴페인은 바로 마셔라!

샴페인은 숙성시킨 뒤 마시기 적당할 때 출하한다. 최고의 상태로 출
하하기 때문에 집에서 더 숙성시킬 필요가 없다. 최대한 저온 저장하
고 될 수 있으면 빨리 마시기를 추천한다.

❹ 샴페인으로 건배할 때 주의할 점

건배는 기쁨을 표현할 때 하는 일종의 의식이다. 잔을 서로 모아 쨍 소
리를 내며 큰 소리로 '건배!'라고 외친다. 하지만 이런 식의 건배는 가
족이나 절친한 동료들과 집에서 마실 때만 해주기를 바란다.

레스토랑에서의 정식 매너로 말하면 와인잔을 포함해 잔을 부딪치
는 건배는 예절에 어긋나는 행위이다. 특히 샴페인잔은 크리스털 소재
의 고급스러운 제품이 많아 잔을 부딪칠 때 흠집이 날 수 있다.

정식 건배 예절은 가슴 앞에 잔을 들고 건배를 외칠 때 눈높이까지
올린다.

그래도 어떻게든 잔을 맞추고 싶다면 잔을 서로 가까이 다가가는 정도가 좋겠다. 소리는 나지 않도록 주의하자.

다만 어디까지나 격식을 차린 장소에서의 이야기이므로 자택이나 부담 없는 자리라면 잔에 흠집을 내지 않는 정도로 즐겁게 건배하면 된다.

❺ 구매 시 주의사항 '정품과 병행수입품'

고가의 샴페인을 구매할 때는 정품인지 병행수입품인지 확인한다.

잡학지식

샴페인 병은 2kg?

다른 와인병에 비해 샴페인이나 스파클링 와인의 병은 두께가 두툼하고 그 무게도 2kg에 가깝다. 이는 병 안에 갇혀 있는 탄산가스의 기압이 높기 때문이다. 샴페인과 같이 병내 2차 발효로 제조되는 제품은 20℃일 때 5~5.5기압, 탱크 내 발효라면 3~4.5기압, 탄산가스 주입 방식이라면 2.8~3.8기압 정도 된다. 이와 같은 기압을 견딜 수 있도록 스파클링 와인은 두께가 있는 병에 담기 때문에 다소 무거운 편이다.

정품은 프랑스 제조사로부터 정규 대리점으로 지정된 업체가 정식으로 수입한 것으로 수입 시 항공편 등으로 철저한 온도 관리와 품질 관리를 실시한다.

반면에 병행수입품은 수입경로나 관리체제가 명확하지 않다. 운송 및 보관비 등을 절약해서 저렴하게 판매하는 경우도 있으니 주의해야 한다.

샴페인은 예민한 와인이다. 엄격하게 품질을 관리하지 않으면 맛이 크게 바뀐다. 특히 샴페인을 좋아하는 분에게 선물할 때는 따져볼 필요가 있다. 아무래도 정품이 안심된다. 이유 없이 저렴하게 판매한다면 병행수입품이라고 생각해도 좋다.

어떤 스파클링 와인 & 샴페인을 골라야 할까?

스파클링 와인과 샴페인의 맛은 포도 품종과 제조법에 따라 단맛부터 드라이한 맛까지 다양하다.
맛의 타입이 라벨에 표기된 제품도 많아 알기 쉽다!

스파클링 와인

세계 각국에서 생산된다.
대부분 맛이 '브뤼(Brut)'로
드라이한 타입이지만,
포도 품종에 따라서는
단맛도 있다.

알코올감이 적고
과실의 단맛이 나는 와인
아스티 스푸만테,
모스카토 다스티

레드 와인의
단맛 스파클링 와인
람부르스코 돌체

깔끔하고 드라이한 맛의 와인
까바, 브뤼트

탄산이 적어서
마시기 편한 와인
세미 스파클링

화려한 향의
드라이한 맛의 와인
로제, 스파클링

풍미가 좋은
드라이한 맛의 와인
블랑 드 블랑
(청포도만으로 만든다)

샴페인

샴페인은 마지막으로 더하는
설탕 리큐어의 양으로 맛을
조절하여 라벨에 표시한다.
보통 드라이한 맛을 의미하는
'브뤼(Brut)'가 더 많지만
달콤한 샴페인도 있어
기분에 따라 즐길 수 있다.

아주 단맛
두(Doux)

단맛
데미 섹(Demi Sec)

약간 단맛
섹(Sec)

약간 드라이한 맛
엑스트라 섹(Extra Sec)

드라이한 맛
브뤼(Brut)

아주 드라이한 맛
브뤼 나뚜르(Brut Nature),
엑스트라 브뤼(Extra Brut)

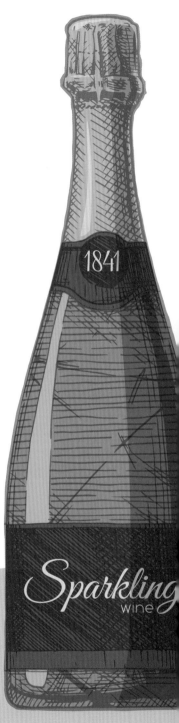

샴페인의 맛을 결정짓는 '리큐어'

와인은 포도 품종에 따라 거의 단맛이 결정되지만 샴페인은 마지막에 첨가하는 단맛으로 결정된다. 샴페인 제조 공정에서는 출하 전 코르크 마개를 닫는 마지막 단계에서 설탕 리큐어를 추가한다. 이때 첨가량을 조절해 단맛, 중간 맛, 드라이한 맛을 구분하여 생산한다. 이 작업은 '도자쥐(Dosage)'라고 한다.

라벨에 아래 표와 같이 표기되어 있어 와인보다 맛을 알기 쉽다. 드라이한 맛을 뜻하는 브뤼(Brut)는 스파클링 와인에도 많이 표기한다.

라벨에 기재된 샴페인의 맛과 첨가하는 당 리큐어의 분량

맛	표기	분량
아주 드라이한 맛	Brut Nature	0g/L
	Extra Brut	0~6g/L
드라이한 맛	Brut	12g/L 이하
약간 드라이한 맛	Extra	12~17g/L
약간 단맛	Sec	17~32g/L
단맛	Demi Sec	32~50g/L
아주 단맛	Doux	50g/L 이상

샴페인의 가격을 결정짓는 요소

고가 샴페인은 제조사의 규모나 포도의 원가 및 희소성에 따라 가격이 크게 다르지만, 가격을 좌우하는 또 다른 큰 요소가 있다. 바로 포도즙의 차이다. 샴페인은 원료인 포도를 두 번 압착하는 과정을 거친다. 규정상 4,000kg의 포도에서 최대 2,550L까지 과즙을 짜낼 수 있다.

첫 번째 압착으로 2,050L를 짜내는데 이를 '퀴베(Cuvée)'라고 한다. 그리고 두 번째 압착으로 나머지 500L를 짜는데 '타이(Taille)'라고 한다. 이 지점에서 포도즙의 가격이 확연히 갈린다.

물론 첫 번째 압착으로 얻은 착즙이 향도 과즙도 풍부하며 신선하다. 그래서 첫 번째 착즙만으로 만드는 샴페인이 아무래도 가격도 더 비싸다. 그렇다고 두 번째 착즙이 나쁘다는 것은 아니다. 첫 번째에 비하면 다소 품질이 떨어지지만, 합리적인 가격대의 샴페인으로서 아름다운 거품으로 우리를 즐겁게 해준다.

제4장
SAKE

사케

예전에는 사케라고 하면 '냄새가 좋지 않은 술' 등 나쁜 이미지가 강했지만

지난 30년간 사케를 둘러싼 환경이 크게 변했다.

사케 소믈리에인 '기키자케시(唎酒師)'가 생겨났고

마시기 좋고 프루티한 사케가 여성들에게 인기를 끌기 시작했다.

또한 냉장 유통이나 차게 마시는 스타일이 일상화되면서

개성 있는 맛과 참신하고 세련된 병 디자인 및 라벨이 등장했고,

마시는 층도 젊은 세대로 확산되고 있다.

훌륭한 매력을 지닌 사케의 세계로 떠나보자.

쌀로 만든 술은 '구치카미자케'에서 '도부로쿠'로

일본에서는 이미 조몬 시대에 야생포도나 나무열매를 발효한 술(같은 것)을 만들었다고 전해진다. 아직 '발효'라는 개념이 없던 시절부터 선인들은 자연이 주는 우연의 산물로 '발효'를 경험했던 것이다.

야요이弥生, 기원전 3세기~기원후 3세기 시대 중반에는 인구도 늘고 취락지가 생겨 농경이 번창하고 벼농사가 전국 각지로 확산되었다. 농작물을 수확한 데 대한 감사의 마음으로 귀중한 곡식을 신께 바치기도 했는데 쌀이나 떡, 쌀술과 같이 모두 '쌀'이라는 공통점이 있었다. 당시에는 아직 쌀이 귀했기 때문에 주식으로 사용하진 않았으며, 쌀술을 만들어 신께 바쳤다. 이 쌀술이 사케 역사의 뿌리이다.

앞서 사케는 '누룩'을 사용하여 효소의 힘으로 쌀 전분을 당으로 바꾸고 발효를 촉진하여 만든다고 설명했다. 이는 나라奈良, 710년~794년 시대에 대륙에서 누룩을 이용한 제조법이 전해진 이후의 일이다. 그럼 누룩을 사용하기 이전에는 어떻게 발효를 촉진시켰던 것일까?

아시는 분도 있겠지만 인간의 침을 이용하여 만들었다고 한다. 이렇게 만든 술을 '구치카미자케口噛み酒'라고 했다. '구치카미자케'는 애니메이션 영화로 유명한 《너의 이름은.君の名は。》에도 등장한다. 제사 의식을 치루는 도중에 무녀인 '미츠하'가 입으로 쌀을 씹고 내뱉는 바로

그 장면이다. 실제로 무녀의 '구치카미자케'가 쌀로 만든 최초의 술이었으며 제사 의식에 반드시 필요한 요소로 신사에서 만들어졌다.

훗날 쌀술은 '누룩'을 사용해 발효시킨 '탁한 술'로 진화하는데 바로 '도부로쿠とぶろく'이다. 쌀술은 700년경의 《고사기古事記》나 《일본서기日本書記》에는 '미와ミワ', '사사ササ', '미키ミキ' 등으로 기록되어 술 제조가 각지에 확산되었음을 알 수 있다. 당시 쌀술은 하얗고 탁했을 것이다. 왜냐하면, 현재와 같은 투명한 사케는 탁한 쌀술을 '여과'하는 공정118페이지 참조이 확립되면서부터이기 때문이다.

신께 바치던 술은 헤이안平安, 794년~1185년 시대에 이르러서는 조정의 연중행사나 잔치 때 빼놓을 수 없는 먹거리로 자리 잡는다. 센코쿠戰國, 1467년~1573년 시대에 양조장이 형성되기 시작한 후 에도江戶, 1603년~1868년 시대에 와서는 양조장 수도 2만 7,000곳이 될 정도로 발전하여 민중에 널리 퍼졌다.

일본의 소중한 농작물인 '쌀'로 만든 술은 가정에서도 만들어지게 되었으며 '도부로쿠'는 오랫동안 사랑받는 술이 되었다. 도부로쿠는 오늘날 사케의 뿌리라고 할 수 있다.

'도부로쿠'야말로 진정한 지역 토속주

예로부터 신에게 바쳤던 탁한 술은 농가나 민가에서 일상적으로 만들어 마시던 쌀술인 '도부로쿠'로, 고된 농사일을 견디게 해주거나 저녁 식사와 함께 마시며 하루의 피로를 풀어주는 역할을 했다. 그러다가 1899년 주세법 개정으로 가정에서 술을 만드는 것이 금지된 이후 약 100년 동안 밀조주라는 이미지가 생겼지만 오늘날에는 '도부로쿠 특구' 제도를 활용한 지방색 짙은 도부로쿠를 비롯해서 젊은 양조가의 참신한 감각으로 빚는 도부로쿠가 화제를 모으고 있다.

지역의 쌀과 누룩을 원료로 소량 생산하는 토속주의 요소를 살린 수제 전통 도부로쿠와 신시대의 크래프트 도부로쿠가 탄생한 것이다.

참고로 도부로쿠는 쌀의 영양소와 누룩에 의한 살아 있는 효모의 힘을 섭취할 수 있어 면역력 강화와 미용에도 탁월한 효과를 발휘한다.

도부라부
도부로쿠 정보 제공 사이트
도부라부 DOBU-LOVE
https://dobu-love.com/

사케가 만들어지는 과정

SAKE

사케의 원료는 쌀과 물, 그리고 쌀누룩이다. 그리고 무엇보다 사케는 사람 손의 온기가 필요한 술이다.

먼저 찐 쌀에 누룩곰팡이를 번식시켜 쌀누룩을 만든다. 이 누룩곰 팡이는 이른바 살아 있는 미생물이다. 손바닥의 온도를 이용해 찐 쌀 에 누룩곰팡이를 묻히는 누룩 만들기는 매우 중요한 작업이며 숙련된 기술이 필요하다. 눈에 보이지 않는 미생물의 작용으로 만들어지는 쌀 누룩은 찐 쌀과 물이 합쳐졌을 때 쌀의 전분을 당분으로 바꿔 알코올 발효를 촉진시키는 중요한 역할을 한다. 그리고 약 3~4개월 후에 신슈 新酒, 당해 7월 1일부터 다음해 6월 30일 내에 제조해 출하하는 사케-역주가 완성된다. 그 후 추가 공정을 거치면서 다양한 타입의 사케가 탄생한다.

누룩 만들기/사진 제공: 가모쓰루 주조(賀茂鶴酒造)

제조
공정

현미

70% 60% 50% 35%

1 정미

쌀

효모와 당분 첨가

쌀 씻기

찌기

침지 & 물 빼기

2 누룩 만들기

당

첫째는 누룩,
둘째는 슈보(술밑),
셋째는 양조

이때
알코올 발효

당

CO2

Yeast

당

5 압착
여과, 착즙

4 모로미(술덧) 만들기

물

물 첨가

3 슈보

열처리

1 쌀 준비. (정미, 쌀 씻기, 침지, 물 빼기, 찌기)

2 찐 쌀에 누룩곰팡이를 묻혀 쌀누룩을 만든다. (누룩 만들기)

3 술의 기초가 되는 '슈보(酒母)'를 만든다. (슈보 만들기)

4 슈보, 쌀, 쌀누룩, 물을 단계적으로 탱크에 담는다. (모로미 만들기)
탱크 안에서 약 2주에 걸쳐 알코올 발효가 이루어진다.

5 발효를 마친 모로미를 짜서 술과 술지게미로 나눈다. (압착)

세계가 주목하는 사케

지금 사케는 전 세계가 주목하는 술이 되었다.

사람들이 건강한 삶을 지향하면서 발효식품 중심의 전통음식 문화를 가진 일식이 유네스코 무형문화유산에 등재되었고, 일식 붐이 일면서 해외에도 일식집이 크게 증가했다. 동시에 사케 수출량도 해마다 증가하고 있으며 특히 아시아에서는 수입단가도 오르고 있어 고품질 사케의 수출량이 늘고 있음을 알 수 있다. 뿐만 아니라 해외에서 사케를 만드는 기업도 늘고 있다. 미국, 캐나다, 프랑스, 영국, 스페인 등 다양한 지역에서 'SAKE'를 만들어 즐기고 있다. 그렇다면 사케가 인기가 많은 이유는 뭘까?

사케는 심신에 자극이 없는 섬세하고 고급스러운 맛으로 평가받고 있다. 오늘날 세계인이 일상적으로 와인을 즐기듯이 머지않아 사케도 세계인의 식탁에 자리 잡을 날이 오지 않을까 싶다.

또한 일본에서 사케 양조에 종사하는 외국인 수도 증가하고 있다. 영국에서 태어난 필립 하퍼Philip Harper 씨는 영어 교사로 일본을 방문한 이후 사케에 매료되어 양조장에서 공부를 하고 양조장의 총괄 책임자인 '도지杜氏' 자격을 취득, 현재는 교토의 기노시타木下 주조에서 도지를 맡고 있으며 수많은 상을 받았다.

최근에는 고급 샴페인 돔 페리뇽의 5대째 최고 양조 책임자를 지낸 리샤르 지오프로이Richard Geoffroy 씨가 만드는 사케가 화제다. 그는 홍보 차 일본을 방문했을 때 사케의 매력에 빠져 결국 프랑스에서 일본으로 건너와 "내 인생의 마지막은 사케에 걸고 싶다. 그리고 그곳은 일본이어야 한다."며 도야마현 소재의 산을 자신의 술 빚기 거점으로 삼고 샴페인 제조법으로 익힌 기술을 사케에 접목하고 있다. 사케는 아직 미지의 가능성이 있다고 확신한 것이다.

얼마 전에는 교토의 양조장에서 양조 기술을 배우러 왔다는 외국인을 만난 적도 있다. 이처럼 전국 각지에서 외국인 장인들이 사케를 사랑하는 마음으로 술 빚기에 분투하고 있다고 생각하니 기쁜 일이 아닐 수 없다.

사케 좋아요!
세계에 유래가 없는 '사케의 매력'

① 다양한 온도로 즐길 수 있는 술

차갑게 식혀서 깔끔한 맛을 즐기는 '레이슈冷酒', 상온에서 본래의 감칠 맛을 즐기는 '히야ひや', 따뜻하게 데워서 부드러운 맛을 즐기는 '오캉ぉ 燗' 등 사케는 어떤 온도에서도 즐길 수 있는 신기한 술이다.

이처럼 모든 온도에서 즐길 수 있는 다른 술은 들어본 적이 없다.

게다가 각각의 온도에 따라 사케의 맛이 달라진다. 취향대로 원하 는 맛을 즐길 수 있는 것도 사케의 큰 매력이다.

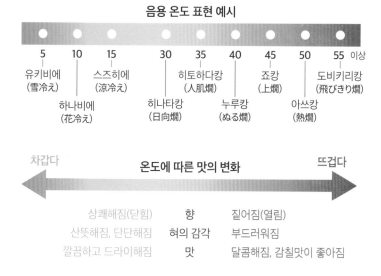

음용 온도 표현 예시

5	10	15	30	35	40	45	50	55 이상
유키비에 (雪冷え)		스즈히에 (涼冷え)		히토하다캉 (人肌燗)		죠캉 (上燗)		도비키리캉 (飛びきり燗)
	하나비에 (花冷え)		히나타캉 (日向燗)		누루캉 (ぬる燗)		아쓰캉 (熱燗)	

차갑다 ← **온도에 따른 맛의 변화** → 뜨겁다

상쾌해짐(닫힘)	향	짙어짐(열림)
산뜻해짐, 단단해짐	혀의 감각	부드러워짐
깔끔하고 드라이해짐	맛	달콤해짐, 감칠맛이 좋아짐

121

사케의 '히야'는 몇 도일까?

'히야'는 상온을 가리키는 사케 용어이며 일본에서 상온은 20도 전후의 온도이다. 에도 시대에 쓰인 가이바라 에키켄(貝原益軒)의 건강 독본 《요조쿤(養生訓)》에 따르면 '술은 여름이나 겨울철에도 체온 정도로 따뜻하게 해서 마셔야 한다. 차가운 술은 위를 나쁘게 하고 혈액을 감소시킨다'고 한다. 데운 술은 몸에 부담을 주지 않는 음주법이며 그렇게 마시는 것이 일반적이었다. 냉장고가 없었던 당시에는 '데우지 말고 그대로'라는 상온의 상태를 '히야'라고 했다. 냉장 관리가 가능한 오늘날은 차갑게 식힌 술을 '레이슈'라고 한다. '아버지의 잔소리와 찬 술은 나중에 효과를 안다'에도 시대 후기에 쓰인 격언 《아버지의 잔소리(親父の小言)》에 나오는 한 구절인데 차가운 술은 당장은 모르지만 나중에 취기가 갑자기 올라 고생할 수 있으니 술은 데워 마시라는 가르침도 포함되어 있지 않나 싶다.

만담으로 사케의 훌륭함을 전한다.

사케 기키자케시 만담 듀오 '니혼슈'
아사양(あさやん)과 기타이 가즈아키(北井一彰)

전통주인 사케를 알리고 싶다!
장인의 마음을 많은 사람에게 전하고 싶다!
사케로 많은 사람에게 웃음을 선사하고 싶다!
기키자케시, 사케학 강사, 국제 기키자케시 자격증을 취득했다. 현재는 주류 행사 등에 출연하여 술 관련 만담

공연을 하고 사회를 보거나 사케 강좌를 열면서 전국 각지에서 다방면에 걸친 활동을 하고 있다. 잡지나 인터넷 등 각종 미디어에도 출연해 사케의 맛과 즐거움을 전하고 있다.

'누루캉'은 몸에 부담이 적은 음주 방법이다.

사케를 데우면 '히야'로는 알기 어려운 복잡한 맛을 끌어낼 수 있어 술의 풍미나 단맛, 드라이한 맛 등이 잘 느껴진다. 또한 체온에 가까운 온도대로 마시면 알코올 분해도 원활해져 몸에 부담도 적다. '누루캉'의 기준은 뜨겁다고 느끼지 않는 정도이다. 누루캉용 사케를 골라서 다양한 온도로 오캉(따뜻하게 데운 술)을 맛보는 것도 즐겁다.

용량이 적은 미니 보틀은 뚜껑을 열어서 그대로 중탕할 수 있다.

❶ 술을 도쿠리의 잘록한 부분까지 따른다. (술은 데우면 용량이 늘기 때문에 가득 채우면 넘칠 수 있어 주의)
❷ 냄비에 도쿠리의 어깨까지 잠길 정도로 물을 붓고 끓인 후 불을 끈다.
❸ 불을 끈 상태에서 ❶을 넣고 원하는 온도까지 데운다.
❹ 도쿠리의 입구까지 술이 올라오면 완성된다. (충분히 데워진 상태가 아쓰캉)

❷ 누룩의 힘으로
피부와 심신을 달래주는 술

최근 우리 몸에 좋은 영향을 미치는 '누룩'이 화제다. 쌀누룩이 원료인 사케에도 몸에 좋은 아미노산류가 풍부하게 함유되어 있다.

사케로 만드는 화장품이 있을 정도이다. 멜라닌 색소를 억제하는 피부 미용 효과, 보습 보온 효과도 탁월하고 릴랙스 효과와 치유 효과 등 반가운 효능이 많다. 필자는 '준마이슈純米酒'로 피부를 관리한다.

게다가 사케는 몸을 차갑게 하지 않는 술이라는 것도 큰 매력 중 하나이다.

❸ 가을의 '히아오로시' 등
사계절의 맛을 즐길 수 있다!

사케는 봄, 여름, 가을, 겨울 각각의 계절의 맛을 즐길 수 있는 매력적인 술이다.

가을에 수확된 쌀로 만드는 사케는 빠르면 약 3개월 내에 탄생한다. 즉 겨울이 시작될 무렵에는 상쾌하고 활기찬 맛

을 지닌 '신슈新酒'를 맛볼 수 있다. 그리고 초봄에는 신슈의 신선함이 조금 진정되면서 앙금이 은은하게 느껴지는 '봄'다운 맛이 된다. 여름에는 힘찬 맛이 매력적인 '나쓰노나마자케夏の生酒'가 되며 가을에는 조금 어른스럽고 차분한 맛이 나는 '히야오로시ひやおろし'를 즐길 수 있다.

제철 식재료와 함께 그 계절만의 사케를 즐길 수 있어서 너무 반갑다. 이렇게 1년에 걸쳐 성장한 사케는 가을이 끝날 무렵에 열처리해서 일반적인 상품으로 제품화하여 출하한다.

이처럼 사계절의 각기 다른 맛을 즐길 수 있는 술도 사케뿐이다.

잡학지식

사케로 목욕하면 피부가 좋아진다?

약간 미지근한 물에 두세 컵 정도의 사케(쥰마이슈 권장)를 넣고 천천히 몸을 데우면 노폐물이 배출되어 피부가 반들반들하고 촉촉해진다. 혈액순환이 촉진되어 신진대사가 좋아지고 해독 효과도 탁월하다. 알코올에 약한 분들은 우선 한 컵 정도부터 시도해보자. 스킨처럼 직접 피부에 발라주면 보습 효과와 피부 미용 효과도 기대할 수 있다. 처음에는 끈적끈적한 느낌이 들지만 금방 피부에 스며들어 촉촉해진다.

사케의 1년과 사계절 맛보기

5월, 6월	모내기
7월	주조년도 개시
8월	양조 준비
9월	햅쌀 수확

10월	전년에 만든 술을 열처리하여 출하
11월	양조 개시 / 제철 술은 열처리하지 않고,
12월~3월	혹은 한 번 열처리하여 냉장 관리함.

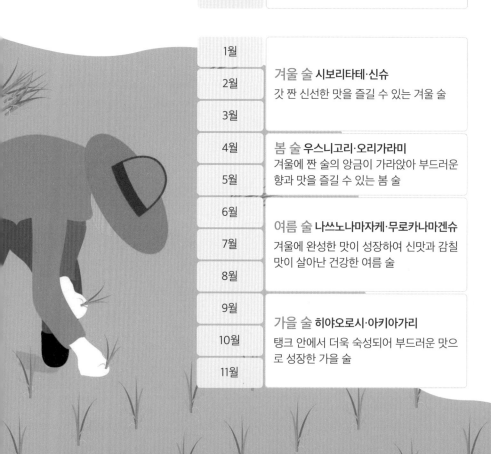

1월	
2월	**겨울 술 시보리타테·신슈** 갓 짠 신선한 맛을 즐길 수 있는 겨울 술
3월	
4월	**봄 술 우스니고리·오리가라미**
5월	겨울에 짠 술의 앙금이 가라앉아 부드러운 향과 맛을 즐길 수 있는 봄 술
6월	**여름 술 나쓰노나마자케·무로카나마겐슈**
7월	겨울에 완성한 맛이 성장하여 신맛과 감칠 맛이 살아난 건강한 여름 술
8월	
9월	**가을 술 히야오로시·아키아가리**
10월	탱크 안에서 더욱 숙성되어 부드러운 맛으 로 성장한 가을 술
11월	

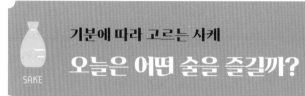

필자의 가게를 방문하는 고객 중에는 "사케는 라벨을 봐도 좀 어려워서 어떤 것을 선택해야 할지 모르겠어요"라며 곤란해하는 사람이 많다.

최근에는 라벨에 맛이나 어울리는 안주, 요리 등이 기재된 제품도 있는데 대부분은 설명이 충분하지 않다.

지금부터는 사케를 어떻게 선택하면 좋을지 그 포인트를 알려드리고자 한다. 먼저 사케의 맛을 한눈에 알 수 있게 정리한 다음 페이지를 살펴보자. 그리고 뒤에 나오는 설명을 참고하면 자신에게 딱 맞는 사케를 찾을 수 있을 것이다.

참고로 사케를 맛보는 방법은 자유롭다. 약간 진하다 싶으면 얼음을 넣거나 물을 조금 넣거나 탄산수를 첨가해도 된다. 또 레몬 등 감귤류나 아이스크림을 더해 마시는 방법도 있다. 그날의 기분에 따라 즐기면 된다.

어떤 사케를 골라야 할까?

같은 사케라도 온도에 따라 맛이 달라진다.
제품별로 적합한 온도도 있지만 정해진 것은 없기 때문
에 자신이 좋아하는 스타일로 즐기는 것이 가장 좋다.
구매 시 추천 온도를 물어보는 것도 방법이다.

차갑게 마시기	상온~데워서 마시기
깔끔한 맛 혼죠조나마자케 계열, 신슈, 나쓰노나마자케	**상온** **산뜻한 입안 감촉** 도쿠베쓰 혼죠조
향이 나고 부드러운 입안 감촉 긴죠슈, 다이긴죠슈, 긴죠 계열 의 나마자케	**상온** **쌀의 풍미가 느껴지는 감칠 맛** 도쿠베쓰 쥰마이슈, 야마하이 계열
산미가 느껴지는 맛 기모토 계열	**누루캉** **누루캉으로 천천히 즐기기** 도쿠베쓰 쥰마이슈, 기모토 야 마하이 계열
단맛이 느껴지는 부드러운 맛 발포성 세이슈	**누루캉 / 아쓰깡** **어떤 온도로 마시든 OK** 혼죠조 계열
충실한 감칠맛 무로카나마겐슈, 히야오로시	

사케는 '도쿠테이 메이쇼슈特定名称酒, 특정명칭주' 또는 '후쓰슈普通酒, 보통주' 중 하나이다.

그럼 도쿠테이 메이쇼슈란 어떤 술일까?

병 라벨에 '혼죠조本醸造', '쥰마이純米', '긴죠吟醸'라는 문자 중 어느 하나가 표기되어 있거나 이들 문자에 '도쿠베쓰特別' 또는 '다이大'가 적힌 사케를 총칭해 '도쿠테이 메이쇼슈'라고 한다. 다음 페이지의 표와 같이 원료나 쌀의 정미 비율, 양조 알코올 등의 요건이 명확한 제품이다. 이런 표시가 없고 특정 명칭의 규정에서 벗어난 제품은 '후쓰슈'라고 한다. 참고로 해외 수출되는 사케의 대부분은 도쿠테이 메이쇼슈이다.

혼죠조슈란? 규정 이내의 양조 알코올을 더해 깔끔한 맛으로 완성하는 사케.
쥰마이슈란? 쌀, 쌀누룩, 물만으로 만드는 본래의 사케. 쌀의 향과 감칠맛을 지닌 사케의 왕도.
다이긴죠란? 정미율을 높인 백미를 이용해 저온에서 한 달 정도 천천히 발효시키는 긴죠즈쿠리(吟醸造り)로 만드는 사케. 정성스럽게 만들어지는 긴죠즈쿠리는 프루티한 향과 부드러운 입안 감촉이 특징이다.

도쿠테이 메이쇼슈의 표시 기준

	라벨 기재 명칭	쌀의 정미 보합율	사용 원료	양조 알코올
혼죠조	혼죠조	70% 이하		특정량 이내 첨가 가능
	도쿠베쓰 혼죠조	60% 이하		
쥰마이	쥰마이	규정 없음	쌀누룩 (15% 이상)	첨가하지 않음
	도쿠베쓰 쥰마이	60% 이하		
긴죠	긴죠	60% 이하		특정량 이내 첨가 가능
	다이긴죠	50% 이하		
	쥰마이긴죠	60% 이하	쌀누룩 (15% 이상)	첨가하지 않음
	쥰마이다이긴죠	50% 이하		

● '도쿠베쓰'가 붙는 제품은 정미 보합율이 다르다. 보다 많이 정미한 제품에 '도쿠베쓰' 를 붙인다. 정미를 많이 해서 '잡미를 줄이는 것'이 목적이며 정미 보합율의 차이로 구별 한다.

● '도쿠테이 메이쇼슈'라는 말이 등장한 것은 1989년 이후이며 그 전의 사케는 '급별 제도' 가 있어 '특급, 1급, 2급'이라는 형태로 주세 세율을 차등 부과하여 구분했다.

정미 보합율이란?

우리가 평소에 먹는 쌀밥은 정미 보합율이 90~95%이지만 도쿠테이 메이쇼슈의 규정은 70% 이하~50% 이하로 정해져 있다. 쌀을 절반 가까이 깎아버리다니 정말 사치스럽지만 깎여진 쌀은 나카누카(中糠, 표피 안쪽에서 10~20%), 죠누카(上糠, 표피 안쪽에서 20~30%)라고 하며 전병이나 화과자 등을 만들 때 이용한다. 35% 정미 등 저정미 술도 유행하고 있는데, 50%의 정미로도 충분히 잡미를 잡을 수 있다. 현재 쥰마이슈 규정에는 정미 보합율의 규정이 없기 때문에 90%, 80%로 정미한 쥰마이슈 등이 쌀 본연의 맛을 느낄 수 있는 사케로 인기를 끌고 있다.

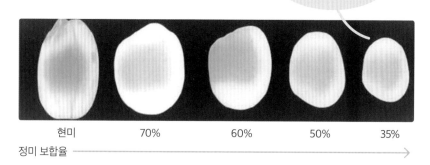

현미 ⟶ 70% ⟶ 60% ⟶ 50% ⟶ 35%

정미 보합율 ⟶

유행이나 시대에 타협하지 않는 양조장

　사케의 발상지는 나라현이다. 《고사기(古事記)》와 《일본서기(日本書記)》에도 기록된, 술의 신을 모시는 '오미와 신사(大神神社)'가 자리 잡고 있으며 벚꽃으로 유명한 요시노(吉野)에는 230년 이상의 유구한 역사를 자랑하는 명주 '쇼죠(猩々)'를 빚는 '기타무라 주조(北村酒造)'가 있다.

　기타무라 주조와의 만남은 30년 전으로 올라간다. 완고하게 전통 양조법을 지키는 자세에 감명을 받아 필자의 가게에서 추천 술로 판매하고 있으며 많은 고객을 매료시키고 있다.

　주류 판매점은 '술 빚기는 장인의 마음과 정성이 방울방울 담긴다'는 장인이 꿈꾸는 이상을 고객들에게 전하는 일을 해야 한다. 유행하는 맛을 만드는 것이 아니라 술 빚기의 기본을 소중히 여기는 기타무라 주조의 마음과 그렇게 탄생하는 맛을 잘 알기에 앞으로도 정성껏 아름다운 명주를 소개해드리고 싶다.

필자와 기획하여 제품화한 술. 기타무라 가문에서 대대로 내려오는 이름인 '소시로(宗四郎)'를 제품명으로 한 '5년 숙성의 준마이다이긴죠 소시로'

양조장 지하에서 20년간 숙성중인 'VINTAGE 쇼죠(Syou-jyou)'

나마자케, 겐슈, 무로카나마겐슈란 무엇인가?

도쿠테이 메이쇼슈 이외에도 나마자케, 무로카나마겐슈 등 사케에는 다양한 '직함'이 붙어 있어 어렵게 생각하는 사람이 많다. 이들은 제조 공정과 관련된 정보이다.

발효가 끝난 술은 액체와 술지게미로 나뉜다. 이 시점은 갓 만든 '겐슈原酒'의 상태이다. 여기서 살아 있는 효모의 기능을 막는 '히이레火入れ'라는 열처리와 여과 과정을 거쳐 저장하는데 그 제조 공정 중에 어떤 처리를 했는지에 따라 표시가 달라진다.

열처리를 하지 않은 '나마자케生酒'는 신선한 맛을 즐기기 위해 차갑게 마시고, 물을 섞지 않은 '겐슈'는 힘찬 맛을 즐기기 위해 온 더 록으로 마시는 등 맛에 따라 마시는 방법도 다르다. 무로카나마겐슈無濾過生原酒는 열처리나 여과, 물 첨가를 일절 하지 않은 그야말로 민낯의 술이다. 그래서 신선하면서도 제대로 된 맛을 즐길 수 있다.

사케의 여러 가지 명칭

> 어떤 처리를 하느냐에 따라 표기가 달라진다.

신슈로 갓 만든 겐슈
↓

일반적인 사케	① 여과	② 열처리	③ 저장	④ 물 첨가	⑤ 여과	⑥ 열처리	⑦ 출하

보통 두 번 열처리한다. 냉장보관하지 않아도 된다.

나마겐슈
① ③ ⑤ ⑦

냉장 보관. 열처리를 하지 않고 물 첨가도 하지 않는다. 신선하고 힘찬 맛.

겐슈
① ② ③ ⑤ ⑥ ⑦

물을 첨가하지 않으므로 알코올 도수가 높고 단단한 맛.

무로카나마겐슈
③ ⑦

냉장 보관. 아무런 처리 과정을 거치지 않으며 숙성한 것과 그렇지 않은 것이 있다.

나마자케
① ③ ④ ⑤ ⑦

냉장 보관. 열처리를 하지 않은 살아 있는 신선한 맛.

나마쵸조
① ③ ④ ⑤ ⑥ ⑦

냉장 보관. 출하 직전에 한 번 열처리하므로 나마자케보다 품질 관리가 다소 편하다.

나마자케· 히야오로시
① ② ③ ④ ⑤ ⑦

냉장 보관. 여름 동안 느긋하게 숙성하고 출하 직전에 열처리하지 않는다. 가을 초입에만 즐길 수 있다.

야마하이, 기모토란 무엇인가?

SAKE

118페이지의 술 만드는 과정을 다시 한 번 살펴보자. 누룩이 생기면 다음으로 알코올 발효에 필요한 효모를 배양시키기 위해 '슈보酒母, 술밑'를 만든다. 슈보를 어떻게 만드느냐에 따라 사케의 맛이 근본적으로 달라진다. 오늘날 사케의 90%는 '소쿠죠速釀'이라는 기법으로 만드는데 양조용 젖산과 효모를 첨가하는 방식이다. 이전에는 쌀과 누룩을 천천히 시간을 들여 으깨면서 공기 중 자연의 야생 효모를 끌어들여 천연 젖산과 효모를 만들어내는 '기모토生酛'라는 전통적 기법을 사용했다. 이 방식은 옛날 무로마치室町, 1336년~1573년 시대에 시작한 '보다이모토菩提酛'에서 비롯되었으며 에도 시대에 탄생한 '기모토' 및 메이지 시대에 더욱 진화한 기법인 '야마하이모토山廢酛'로 슈보를 만든 제품은 라벨에 표기한다. 품과 시간을 들여 자연의 힘을 사용해 생명력 넘치는 슈보로 만든 기모토와 야마하이는 향이 짙고 부드러운 맛이 특징이며 따뜻하게 데워 마시면 그윽한 향과 맛이 배가 된다.

전통적인 '기모토' 기법인 야마오로시(山卸) 작업
(출처: 나가노현 주조 조합 홈페이지)

니고리자케와 도부로쿠는 어떻게 다를까?

일본의 주세법상 발효 도중의 모로미(醪, 술덧)를 걸러서 고체와 액체로 나누는 죠소(上槽, 압착)라는 공정을 거치면 '세이슈(清酒)'가 된다. 이와 같은 여과 작업 시 망의 눈이 3mm 이하인 특별한 채망이나 삼베 주머니 등을 사용하면 모로미 내의 녹지 않은 쌀의 고형분이 술 속에 남아 백탁 현상이 생긴다. 이 상태의 술이 '니고리자케(にごり酒)'이다. 니고리자케는 여과 공정을 거치기 때문에 '세이슈'에 속하지만 도부로쿠는 전혀 거르지 않는 술이므로 탁한 술, 즉 '다쿠슈(濁酒)'에 해당한다.

'니고리자케'는 1964년 교토의 후시미에 있는 오래된 양조장 '마스다 도쿠베 상점(增田德兵衞商店)'에서 처음으로 탄생했다. 미생물학자인 '사카구치 긴이치로(坂口謹一郎)' 박사의 권유로 당시 주인이 연구를 거듭해 만든 원조 니고리자케 '쓰키노 가츠라·다이고쿠죠 나카구미 니고리자케(月の桂·大極上中汲にごり酒)'는 발효 도중인 상태이므로 탄산가스가 남아 있어 쌀의 스파클링으로 불렸다. 이 제품은 과일향과 상쾌한 산미, 기분 좋은 느낌의 거품이 어우러져 많은 팬을 매료시키고 있다.

지금 쥬쿠세이 고슈가 주목을 끌고 있다!

"사케도 유통기한이 있어요?"라는 질문을 많이 받는다. 기본적으로는 없다(종이팩 술 등 일부는 제외). 같은 양조주인 와인처럼 저장 숙성되면서 천천히 풍미가 더해진다. 저장 연수가 길어짐에 따라 색도 황금색에서 호박색으로 변하며 향도 진해지고 맛도 부드러워진다. 최근에는 특유의 묵직한 맛을 자랑하는 쥬쿠세이 고슈(熟成古酒, 숙성 고주)의 매력이 점차 알려지고 있다.

치바현 이스미시에서 142년의 역사를 가진 '기도이즈미 주조(木戸泉酒造)'는 예로부터 자연 양조를 고집해 온 양조장이다. 오래전부터 쥬쿠세이 고슈를 연구해왔으며

1965년부터 장기 숙성에 견딜 수 있는 본격적인 고슈(古酒) 만들기를 시작했다. 양조장 맞은편 갤러리에는 40여 년 된 고슈가 빈티지별로 즐비해 아름다운 그러데이션을 보여준다.

후쓰슈란 어떤 술인가?

후쓰슈란 도쿠테이 메이쇼슈와 달리 규정에 구애받지 않고 판매하는 사케로 가격대도 비교적 저렴하다. 하지만 라벨에 별도로 후쓰슈라고 기재하지는 않는다. 과거의 1급주나 2급주와 같은 수준의 술로 각 회사는 독자적으로 '죠센上撰', '가센佳撰'이라고 표기한다.

내용물의 절반 정도는 사케이고 나머지는 양조 알코올을 첨가한 제품이 대부분으로 그중에는 물엿이나 글루탐산소다 등이 첨가된 제품도 있다.

이러한 사케는 뒷면 라벨의 원재료 표기에 '쌀, 쌀누룩, 당류, 산미료' 등과 같이 적혀 있다. 실제로 일본 국세청 홈페이지에는 후쓰슈 원재료 표기에 대해 다음과 같이 기재되어 있다.

도쿠테이 메이쇼 이외의 세이슈⋯⋯원재료명 쌀, 쌀누룩, 양조 알코올(그리고 여기에 세이슈 찌꺼기, 쇼츄, 포도당, 물엿, 유기산, 아미노산염, 세이슈 등을 사용한 경우에는 그 원재료명)●

● 표기할 때 포도당, 전분질을 분해한 당류를 '당류'로, 유기산인 젖산, 호박산 등을 '산미료'로, 아미노산염인 글루탐산나트륨을 '글루탐산Na' 또는 '조미료(아미노산)'로 해도 무방하다.

이러한 내용물의 사케는 머리가 아프거나 심한 악취를 풍기는 숙취를 유발할 수 있다. 특히 팩에 든 사케를 구입할 때는 반드시 원재료 표시를 확인하고, 적어도 당류나 산미료가 첨가되지 않은 사케를 선택하기를 바란다.

양조 알코올을 사케에 첨가하는 방식은 제2차 세계대전 말기, 쌀이 귀중했던 만주국에서 비롯되었다. 사케를 알코올을 넣어 3배로 늘린다고 해서 당시에는 '삼배증양주三倍增釀酒', '삼증주三增酒'라고 불렸다. 먹을 쌀도 없던 혼란스러운 시대였지만 주세는 나라의 중요한 수입원이기도 했다. 그래서 어쩔 수 없이 양조 알코올로 희석하고 물엿 등으로 맛을 낸 술이 등장한 것이다. 그런데 전후 75년이 넘은 오늘날에는 쌀이 충분한데도 희석하여 맛을 내는 사케가 여전히 존재한다. 그렇다고 후쓰슈가 모두 형편없다는 말은 아니다. 최근에는 엄선된 후쓰슈를 만드는 제조사도 증가하여 고급 후쓰슈가 늘고 있는 추세다. 가정에서 일상적으로 즐기는 간편한 술로는 나쁘지 않다.

그럼에도 필자는 이렇게 양조 알코올로 희석해서 만드는 후쓰슈에 약간의 의문이 남는다. 왜냐하면 전쟁 전까지 사케는 모두 '준마이슈'였기 때문이다. 현재 사케 생산량 중 약 70% 가까이가 후쓰슈이고 나머지 30%가 도쿠테이 메이쇼슈인 상황이다.

무엇보다 지금 세계가 주목하는 사케는 '도쿠테이 메이쇼슈'이다. 혼죠조슈나 긴죠슈에 희석하는 양조 알코올은 규정 내의 아주 미량에 불과하다. 이 점이 후쓰슈와 크게 다르다.

양조 알코올이란 무엇인가?

양조 알코올을 첨가하는 목적은 기본적으로 다음 두 가지 이유다.

❶ 주질을 깔끔하고 담백한 맛으로 만들기 위해.

❷ 알코올 도수를 높여서 유산균에 의한 부패를 방지하고 맛을 맞추기 위해.

이처럼 타당한 이유가 있지만 문제는 그 원료이다.

증량을 목적으로 사용하는 양조 알코올은 사탕수수에서 설탕을 정제한 후에 남은 부산물인 '폐당밀Molasses'이다. 걸쭉한 액체로 좋지 않은 냄새도 난다.

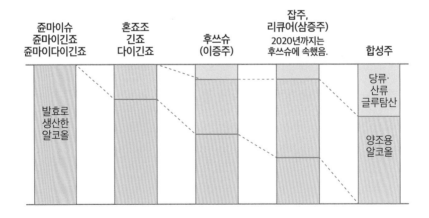

요리용 술, 합성주, 발효조미료에 주의!

요리에 사용하는 술은 대개 저렴한 가격의 제품을 선택하기 쉬운데 여러 가지 첨가물로 맛을 조정한 제품도 있다. 포도당과 물엿, 글루탐산의 감칠맛 성분, 염분, 향료 외에 산화 방지제가 들어 있는 제품도 있어 애써 만든 요리의 맛을 망치기도 한다.

본래의 사케에는 비린내를 없애는 효과와 천연의 감칠맛 성분이 함유되어 있어 그것만으로도 조미료 효과를 충분히 발휘한다. 요리용 술이라고 해도 자신의 입에 넣어도 괜찮은 것인지 잘 살펴보고 사용하기를 바란다.

이런 폐당밀을 증류해서 만든 알코올을 일본에서는 '소류粗留 알코올'이라고 한다. 이 소류 알코올을 연속식 증류기로 반복 증류하면 무미무취의 알코올이 만들어지는데, 원료가 폐당밀이기 때문에 가격도 저렴하다. 한편 쌀을 원료로 한 양조 알코올도 있지만 가격이 비싸다. 마트 등에 대량 진열된 저가 제품들은 대부분 증량을 목적으로 저렴한 양조 알코올을 사용하고 있다고 해도 과언이 아니다.

사케 고르는 법과 즐기는 법

사케의 맛은 감칠맛과 산미가 복잡하게 얽혀 있고 거기에 향기와 삼키는 느낌까지 매우 다양한 요소가 작용한다. 그래서 단순히 단맛, 드라이한 맛으로 표현하기에는 부족하며 향기와 맛의 강약으로 구분하여 아래의 그림과 같이 네 가지로 크게 나누어 생각하면 이해하기 쉽다.

아래의 그림은 기키자케시를 배출하는 '사케 서비스 연구회 및 술장인 연구회 연합회ssi'가 30년 전에 제창한 사케의 4타입 분류이다. 이를 참고로 선택하면 원하는 맛의 사케를 고를 수 있을 것이다.

사케의 향에 따른 특성별 분류(4타입)

사케의 맛을 더해주는 도구

사케의 신기한 점은 술잔의 재질이나 모양에 따라 맛이 변한다는 사실이다. 와인과 마찬가지로 사케도 주기酒器에 따라 맛이 크게 달라진다.

주기의 '재질'은 흙이나 나무, 유리, 주석과 같은 광물을 비롯해 옻칠한 제품까지 실로 다양하다. 또한 '모양'도 다양하다. 이처럼 재질과 모양에 따라 같은 사케라도 맛이 달라진다.

전 세계의 주기나 식기를 살펴봐도 이렇게 소재의 재질이 풍부한 것은 일본뿐이 아닐까 싶다. 이 또한 세계에 유례가 없는 사케만의 매력이라고 생각한다.

술잔을 바꿔가며 마시면 한 병의 사케로도 여러 가지 맛을 즐길 수 있는 셈이다.

잔

크리스털,
소다 글라스

흙

자기,
도기

나무

나무 자체
칠기,
대나무 등

금속

주석,
스테인리스
등

그 외

플라스틱,
실리콘,
아크릴 등

주조호적미, 양조용 쌀이란 무엇인가?

사케를 만드는 쌀은 우리가 평소에 먹는 쌀과는 다른 양조용 쌀이다. 먹을 수는 있지만 단백질 및 지방이 적기 때문에 평소 먹는 쌀과 조금 다른 맛이 난다.

일본은 양조용 쌀을 전국 각지에서 생산하고 있는데 그중에서도 일정한 조건을 만족하는 양조용 쌀을 '주조호적미酒造好適米'라고 해서 지방 관청에서 별도로 인가를 한다. 매년 품종 개량된 새로운 양조용 쌀이 인가를 받고 있으며 현시점에서는 약 120~130종에 이르고 지역에 따라 맛에 특징이 있다.

주조호적미는 평균적으로 벼의 길이가 1m 이상이다. 그래서 농가 입장에서는 재배가 굉장히 까다롭다. 일본에서 가장 많이 재배되고 유명한 주조호적미는 효고현이 원산지인 '야마다니시키山田錦'이다.

1936년에 효고현에서 태어난 야마다니시키는 현재 많은 지역에서 생산하고 있다. 특히 긴죠슈 등 프루티한 향이 특징인 사케에 많이 사용한다.

두 번째 생산량을 자랑하는 양조용 쌀은 니가타현이 원산지인 '고하쿠만고쿠五百万石'이며 부드러운 맛이 특징이다. 맛이 안정적이라서 준마이슈에도 많이 사용한다. 세 번째는 나가노현이 원산지인 '미야마

주조호적미의 주요 품종과 산지

홋카이도 긴푸, 스이세이

아키타 아키타사케고마치, 미야마니시키

야마가타 데와산산

니가타 고햐쿠만고쿠, 고시탄레이, 야마다니시키

후쿠야마 고햐쿠만고쿠

이시가와 고햐쿠만고쿠

후쿠이 고햐쿠만고쿠

야마구치 야마다니시키

후쿠오카 야마다니시키

아오모리 하나후부키

이와테 긴긴가

미야기 구라노하나

후쿠시마 유메노카오리

사이타마 사케무사시

가나가와 와카미즈

나가노 미야마니시키, 히토고코치

기후 히다보마레

시가 야마다니시키

효고 야마다니시키

오카야마 오미치, 야마다니시키

히로시마 핫탄니시키 1호, 야마다니시키

2020년에 수확한 오마치(雄町)와 필자

145

니시키美山錦'로 추위에 강한 품종으로 깔끔하고 깨끗한 맛이 특징이다.

현재 일본에서는 이 세 가지 품종이 주조호적미의 70% 이상을 차지한다. 그 밖에 각각의 지방에서는 그 지역에서만 생산하는 양조용 쌀을 사용해 만든 그 고장의 술, '지자케地酒'도 인기다.

참고로 모든 쌀에는 등급이 있기 때문에 주조호적미도 각각의 등급이 있다. '야마다니시키'라고 해도 모두 똑같지 않으며 여러 등급이 있다.

지금은 스스로 농지를 소유해 땅 다지기부터 연구하면서 양조용 쌀을 수확하겠다는 양조장도 많아졌다. 와인으로 치면 '테루아Terroir, 와인을 재배하기 위한 제반 자연조건을 총칭하는 말-역주'에 대한 고집이라고 할 수 있다. 자신의 고장에서 곡식부터 애정을 담아 길러서 만든 사케야말로 진정한 '지자케'라고 할 수 있다.

일본에서 가장 오래된 환상의 양조미 '오마치'

'오마치(雄町)'는 야마다니시키와 고햐쿠만고쿠의 뿌리이며 오카야마현에서 태어난 품종이다. 무려 1859년부터 재배하기 시작한 역사가 깊은 품종으로, 현재는 주조호적미 전체의 불과 3%정도밖에 생산되지 않는 '환상의 양조미'이다. 벼의 길이는 160cm 이상이며 재배가 어려워 생산자를 울리는 쌀이라고 불리기도 한다. 야마다니시키가 탄생한 지 곧 100년을 맞이하는데, 오마치는 발견된 지 160년이 넘는 역사 속에서 멸종 위기를 극복하고 많은 자손을 남긴 훌륭한 품종이다. 쇼와(昭和, 1926년~1989년) 시대 초기에는 전국 품평회에서 상위권을 노리려면 오마치로 만든 긴죠슈가 아니면 힘들다고 했을 만큼 유명한 쌀이다. 오마치 수확량의 90%를 차지하는 오카야마현에서는 농가와 양조장의 노력으로 경작 면적을 계속 늘리고 있다. 심오하고 당당한 맛을 가진 오마치에 매료된 애주가들을 '오마치스트'라고 부를 정도니 그 인기를 실감할 수 있다.

오카야마현 아카이와 지역의 논에서 오마치를 지켜보는 생산자 후지와라 가즈아키 씨.

어떤 음식과도 잘 어울리는 사케의 마법

SAKE

같은 양조주라도 와인은 음식과의 마리아주를 중시하지만 사케는 음식을 가리지 않는다.

사케는 감칠맛, 단맛, 신맛의 균형이 뛰어나서 기본적으로 어떤 음식과도 잘 어울린다. 게다가 사케 자체에는 소금 맛이 없기 때문에 짠맛을 살린 요리와의 궁합은 특별하다!

마리아주에 정답은 없다. 너무 어렵게 생각하지 말고 즐기는 것이 중요하다. 사케와 함께라면 어떤 요리든 우연한 감동을 기대해도 좋다.

필자의 사케 강좌를 듣는 사람들은 신선한 치즈, 초콜릿, 팥 앙금, 양갱, 과일 등 생각지도 못한 궁합에 놀라워한다. 이처럼 사케는 조화라는 장점을 지닌 술이다.

꼭 다양한 요리와의 궁합을 즐겨보기를 바란다.

사케와 음식의 궁합

짠 음식이나 된장 등 발효식품과의 궁합은 최고!
생선 요리, 고기 요리, 일식, 양식, 치즈 등
다양한 요리를 사케와 함께 즐기자.
기본은 사케와 음식의 맛의 농담(濃淡)을 비슷하게 맞추는 것!

단순하고 상쾌한 맛의 사케 (소슈 계열)

담백하고 싱그러운 풍미의 음식과
잘 어울리며 진한 맛의 요리를
먹은 후 입안을 진정시키는 효과도 있다.

풍성한 과일 향의 사케 (긴죠슈 계열)

부드러운 감칠맛,
육수로 우려낸 음식과 잘 어울리며
과일과의 궁합도 최고이다.

탄탄한 맛의 사케 (쥰마이슈 계열)

풍미가 좋고 감칠맛이 나는 음식과
잘 어울리며 치즈나 버터를 사용한
요리도 좋다.

묵직한 맛이 나는 숙성 사케 (쥬쿠세이슈 계열)

진한 맛, 기름진 요리 등과 잘
어울리며 숙성 치즈와 진한 단맛의
디저트와도 궁합이 좋다.

양조장 처마에 달린 삼나무 구슬 '스기타마'

스기타마(杉玉) 또는 사카바야시(酒林)라고 하는, 양조장 처마에 달린 조형물은 최근에는 가정의 인테리어용으로도 인기가 많다. 삼나무 잎을 구형 바구니에 꽂아 잎의 끝을 깔끔하게 다듬은 수제품이다. 처음에는 초록색이지만 시간이 갈수록 갈색으로 변하는데 이 변화가 술의 숙성과 비슷하다. 그래서 사케를 만들기 시작할 무렵에 매달아 갈색이 될 무렵에는 신슈가 만들어진다는 의미를 내포하고 있다.

예로부터 술을 빚는 도구로 정화 작용과 살균, 항균 효과가 높은 삼나무를 사용해왔다. 위생 관리가 중요한 양조장에는 최적의 재료였다. 삼나무 줄기 부분은 도구를 만드는 데 사용하고 사카바야시는 삼나무 잎을 이용해 만든다.

술의 신을 모시는 나라현 사쿠라이시의 오미와 신사(大神神社)에는 매년 11월 14일 양조 안전 기원제(술 축제)가 열린다. 네 명의 무녀가 삼나무를 손에 들고 신을 기쁘게 하는 춤을 추고 신슈의 양조 안전을 기원하며 새로운 스기타마를 양조가나 도지에게 수여한다.

오미와 신사의 스기타마는 신관이 신사의 신목(神木)인 삼나무 가지를 잘라 수작업으로 제작하며 '시루시노스기타마(志るしの杉玉)', '사케노카미사마 미와묘진(酒の神様 三輪明神)'이라는 나무 명찰이 매달려 있다.

미와묘진 오미와 신사
(三輪明神大神神社)
奈良県桜井市三輪1422

일반적으로 '쇼츄(燒酎, 일본식 소주를 말하며 한국의 소주(燒酒)와는 다른 한자를 사용한다.

– 역주)'라고 일괄적으로 묶어 말하지만,

일본에는 각 지역의 다양한 농작물을 원료로 만드는 '혼카쿠쇼츄',

류큐가 자랑하는 '아와모리', 새로운 시대의 '고루이쇼츄'가 존재한다.

이 세 가지는 각각 역사나 유래, 제조법, 원재료, 즐기는 방법 등

모든 것이 본질적으로 다르고 각기 개성도 강하다.

규슈, 오키나와뿐만 아니라 전국 각지에서 만들어지는 쇼츄는

맛이 다양할 뿐만 아니라 격식 없이 자유롭게 즐길 수 있다.

또한 세계 증류주 중 유일하게 식중주로 즐길 수 있는 술이라는 점도 매력이다.

일본이 자랑하는 혼카쿠쇼츄와 아와모리는 세계인이 주목하는 술로 성장하고 있다.

혼카쿠쇼츄, 아와모리의 기원

SHOCHU

섬을 따라 전파된
증류주

여러 설 중 하나이지만 일본 증류주의 뿌리는 '증류기'의 전파와 깊은
관련이 있다고 한다. 증류기의 원형은 기원전 3000년경 이집트에서
시작되었다고 알려졌다. 꽃이나 식물에서 향기를 얻는 기술로 오늘날
로 치면 향수를 만들었던 것으로 추측된다. 이 기술이 8세기경에 이르
러 이슬람 세계에서 연금술을 통해 약 등을 만드는 기술로 발전했고
그것이 동서로 전파되어 중국을 거쳐 아시아의 각 지역으로 퍼져나갔
다. 그리고 마침내 류큐 왕국琉球王国, 현재의 오키나와-역주까지 전파되었으며
여러 섬을 따라 일본의 규슈 지방으로 전해졌다고 한다.

증류는 인류가 농경 생활에서 발견한 기술로, 수확한 농작물을 부
패시키지 않고 알코올로 만들어 장기 보존할 수 있다는 이점과 함께
사람들의 기분을 고양시키는 음료를 만들 수 있다는 신비로움을 간직
한 채 여러 지역으로 전파되었을 것으로 보인다. 이런 의미에서 일본
증류주의 역사는 류큐 왕국에 전파된 증류 기술에서 비롯되었다고 하
겠다.

혼카쿠쇼츄란?

'○○쇼츄'처럼 쌀, 보리, 고구마, 흑당, 메밀 등 원재료의 명칭이 붙은 쇼츄를 총칭해 '혼카쿠쇼츄(本格燒酎)'라고 한다. 약 500년 전인 센코쿠 시대에 규슈에서 만들어진 쇼츄를 혼카쿠쇼츄의 기원으로 보고 있으며 현재는 일본 각지에서 수확한 농작물을 원료로 백누룩, 흑누룩, 황누룩을 이용해 원료의 맛과 풍미를 소중히 여기며 발전하고 있다.

아와모리란?

혼카쿠쇼츄와 확연히 구별되는 아와모리(泡盛)는 일본 증류주의 뿌리이며 1400년대 류큐가 시암(Siam, 현재의 태국)과의 교역을 통해 들여온 태국 쌀과 증류 기술에서 비롯되었다. 아와모리는 태국 쌀과 흑누룩을 사용한다. 특히 항아리 숙성을 거친 술을 구스(クース, 古酒)라고 부르는데 향기가 뛰어나고 매우 부드러운 맛이 특징이다.

혼카쿠쇼츄가 만들어지는 과정

세상에는 많은 종류의 증류주가 있지만 일본 정통의 쇼츄는 쌀, 보리 등 각각 지역의 다양한 특산물을 원료로 사용하는 매력적인 술이다.

우선 사케와 마찬가지로 '누룩'을 사용하여 원료를 발효시킨다. 발효가 끝난 모로미를 단식 증류기로 증류하고 숙성시킨다.

숙성 기간은 반년에서 수년에 이르기도 한다. 특히 항아리 숙성은 미세한 구멍들을 통해 미량의 공기가 유입되면서 풍성하고 부드러운 맛을 낸다.

제조공정
혼카쿠쇼츄

① 쌀누룩을 사용할 경우, 찐쌀에 누룩곰팡이를 묻혀 누룩을 만든다. (누룩 만들기)
　※ 보리누룩이나 고구마누룩을 사용하는 경우도 있다

② 누룩과 물에 효모를 첨가하여 1차 모로미를 만든다. (1차 모로미 만들기)

③ 선별한 원료를 손질하여 찐다. (찌기)

④ ②의 1차 모로미에 ③의 주원료와 물을 첨가하여 발효한다. (2차 모로미 발효)

⑤ 발효를 마친 2차 모로미를 단식 증류기로 증류한다. (증류)

⑥ 증류를 마친 술을 숙성시킨다. (저장 및 숙성)
　※ 이렇게 만들어진 술은 40도 정도이므로 물을 첨가하여 알코올 도수를 조정한다.

최초의 혼카쿠쇼츄는
쌀이 원료였다.

SHOCHU

쇼츄라고 하면 '이모죠츄芋焼酎, 고구마소주'가 대표적이라고 생각하는 사람이 많은데 일본 본토에서 최초로 만들어진 쇼츄는 구마모토熊本현 히토요시人吉 지방의 쌀을 원료로 한 '고메쇼츄米焼酎'인 것으로 알려졌다. 당시에는 이미 벼농사 문화에서 비롯한 도부로쿠나 사케라는 양조주가 있었기 때문에 그것을 증류했을 것이다. 히토요시 지방은 구마천이 흐르고 구마분지의 광대한 평야로 둘러싸인 지역으로 벼농사에 적합한 곡창지여서 수확량이 넉넉하여 쇼츄 제조에 쌀을 사용할 수 있었다. 뿐만 아니라 쌀은 세금으로 빼앗기기 때문에 몰래 쌀로 술을 빚는 등 다른 여러 이유도 있었으리라 짐작된다. 즉, 쌀 생산량이 적은 다른 지역에 비해 쌀이 풍족했던 덕분에, 16세기부터 고메쇼츄 제조가 시작되었다. 지금도 구마 지방의 '구마쇼츄球磨焼酎'는 많은 인기를 끌고 있다.

그 후 이키壱岐 지방의 무기쇼츄麦焼酎, 보리소주, 가고시마鹿児島 지방의 이모죠츄, 아마미奄美 지방의 고쿠토쇼츄黒糖焼酎, 흑당소주 등이 만들어졌고 쇼와 시대에 들어서면서 오이타大分현에서는 새로운 타입의 무기쇼츄가 탄생하기도 했다.

최근 '구로○○'처럼 '구로'라는 이름이 붙는 쇼츄가 많은 이유?

'구로(黑)'나 '시로(白)'는 각각 검은색, 흰색을 의미하는 일본어로 누룩의 종류를 뜻한다. 사케는 기본적으로 '황누룩곰팡이'를 사용하지만 쇼츄에 사용되는 누룩곰팡이는 '백누룩곰팡이', '흑누룩곰팡이', '황누룩곰팡이'다. 일반적인 규슈 지방의 쇼츄는 '백누룩곰팡이'를 사용하지만 술 이름에 '黑○○'라고 적혀 있으면 '흑누룩곰팡이'를 사용했다는 뜻으로, 오키나와의 아와모리는 '흑누룩곰팡이'만 사용한다. 백누룩곰팡이를 사용한 쇼츄는 부드러운 맛이 특징이며 흑누룩곰팡이를 사용한 쇼츄는 깊은 향미가 특징이다.

처음에는 사케용 '황누룩곰팡이'만 있었는데, 잡균에 내성을 가진 구연산이 생기지 않는 단점이 있었다. 훗날 백누룩과 흑누룩이 등장하면서 인기를 끌게 되었다. 다만 황누룩을 사용하면 긴죠슈와 같은 화려한 향기를 낼 수 있어 일부러 황누룩을 사용하는 쇼츄 양조장도 있다.

라벨의 색으로
어떤 누룩을 사용했는지 알 수 있는 경우도 많다

혼카쿠쇼츄와 아와모리의 매력
원료의 산지, 품질을 보증하는 마크를 찾자

혼카쿠쇼츄야말로 그 고장의 향토색이 넘치는 지자케라고 생각한다. 왜냐하면 그 고장의 농작물로 만들어지는 술이기 때문이다. 규슈뿐만 아니라 전국 각지에서 훌륭한 맛의 혼카쿠쇼츄가 만들어지고 있다. TV 광고 등을 통해 전국적으로 이름이 알려진 제품도 있는데 이런 유명 쇼츄는 생산량 또한 규슈 각지의 작은 양조장과 비교하면 월등히 많다. 이런 유명 쇼츄의 원료는 대부분 수입품이기 때문에 일본 내에서 생산된 농작물과는 무관하다.

혼카쿠쇼츄에만 국한된 상황은 아니지만 대량 생산이 가능한 제품은 나름의 이유가 있고 막대한 이익을 내기 때문에 공격적인 광고도 가능한 것이다. 일본산 와인의 내용물 80%가 외국산인 것과 같다. 이런 대량생산품이 아닌 제품을 고르고 싶으면 먼저 '라벨을 꼼꼼히 읽는 것'이 중요하다.

최근 혼카쿠쇼추의 라벨에는 원료 품질과 생산지를 증명하는 인증 마크가 붙어 있는 제품도 많아졌다. 이러한 마크를 선택 기준으로 삼으면 도움이 될 것이다.

인정 마크의 예

미나미사쓰마 혼카쿠 이모죠츄 마크
가고시마현산 고구마를 100% 사용하여 현 내의 물로 빚어 미나미사쓰마(南薩摩)에서 단식 증류기로 증류하여 병입한 이모죠츄.

아마미 구로토쇼츄 로고 마크
아마미 구로토쇼츄는 주세법에 의거해 아마미오시마(奄美大島)와 도쿠노시마(德之島), 산호초 융기로 이루어진 기카이지마(喜界島), 오키노에라부지마(沖永良部島), 요론지마(与論島) 등 아마미(奄美) 군도에서만 제조가 허용되고 있다. 쌀누룩에서 비롯된 풍미가 훌륭한 혼카쿠쇼츄다.

고향 인증식품 E마크
지역색이 강한 원료 또는 제조법을 이용하여 지자체 내에서 제조되는 식품에 대해 지자체 지정 심사·인증 기관이 주는 마크. 품목별로 규정한 기준에 적합한 식품임을 인정하는 표시다.

지리적 표시 'GI' 인증 마크
상품의 품질과 지역이 큰 관련이 있을 경우 그 지역에서만 지역 이름을 쓸 수 있게 하는 제도로, 쇼츄는 나가사키의 '이키' 구마모토의 '구마', 가고시마의 '사쓰마', 오키나와의 '류큐'가 있다.

아와모리와 류큐 아와모리의 차이

같은 '아와모리'이지만 '류큐 아와모리'라고 표시해도 되는 제품은 다음과 같이 정하고 있다.

❶ 흑누룩곰팡이를 이용한 쌀누룩과 물을 원료로 발효시킨 1차 모로미를,

❷ 오키나와현에서 단식 증류기로 증류하여,

❸ 오키나와현에서 용기에 담아 포장한 것.

당연하다고 생각하는 분도 계시겠지만 '오키나와현'이 아닌 장소, 단식 증류기가 아닌 증류 방식으로 만든 아와모리도 있기 때문에 구분이 필요하다. 진짜 맛있는 아와모리를 즐기고 싶을 때는 라벨을 잘 보고 '류큐 아와모리琉球泡盛', '혼바 아와모리本場泡盛'라는 글자가 적혀 있는 제품을 선택하기 바란다.

아와모리의 매력 '구스'

아와모리를 이야기할 때 구스古酒, '고슈'가 정식
일본어 발음이지만 오키나와에서는 구스(クース)라고 발음
한다-역주를 빼고는 논할 수 없다. 구스의
라벨에는 5년, 10년 등 연수 표시가 적혀
있다.

이 연수에 대해 이전에는 3년 저장한 아와모리
가 절반 이상 포함되어 있으면 '구스'로 표시할 수 있었지만, 2015년
8월 1일부터 병입하는 아와모리에 대해서는 3년 이상 숙성한 원주를
100% 사용하지 않으면 '구스'라고 표기할 수 없게 되었다. 지금은 규
정이 변경되고 6년이 지나, 현재 출하되고 있는 제품은 병의 내용물
전체가 최소 3년간, 10년짜리라면 내용물
전체가 10년 이상 숙성한 술이다.

항아리 숙성을 거치면 향기롭고
부드러운 맛이 더해져 아와모리 특
유의 풍미를 즐길 수 있다.

도쿄에도 이즈伊豆 제도에서 만들어지는 훌륭한 혼카쿠쇼츄가 있다.

고구마 재배에 적합한 환경인 하치조지마八丈島에서는 에도 시대 후기부터 고구마 재배와 고구마 쇼츄 만들기에 주력했고, 이후 미야케지마三宅島, 오시마大島, 니지마新島, 시키네지마式根島, 고즈시마神津島, 아오가시마青ヶ島 등 각 섬으로 쇼츄 제조가 전해졌다.

이즈 제도의 쇼츄는 무기쇼츄도 인기가 많다. 고구마 수확기와 겹치지 않기 때문에 보리도 많이 재배되고 있다. 보리와 고구마를 혼합한 제조도 이즈 제도만의 독특한 방식이다. 현재 이즈 제도에는 8곳의 쇼츄 양조장이 있다. 꼭 도쿄산 '시마자케島酒'를 마셔보기 바란다. 규슈의 혼카쿠쇼츄와는 또 다른 맛을 즐길 수 있다.

니지마산 '아메리카 고구마'로 만든 혼카쿠쇼츄

이즈 제도의 니지마에서는 '아메리카 고구마(あめりか芋)'라는 재미있는 이름을 가진 고구마를 재배하고 있다. 니지마산 '아메리카 고구마' 100%로 만든 쇼츄도 있다. 부드럽고 풍미 넘치는 맛이 특징인 술이다. 아무리 비싼 술보다 '현지에서 생산하는 농작물 100%로 만드는 토속주가 최고'라는 게 평소 신념인 필자에게 원료의 산지는 매우 중요하며 현지산 원료로 만든 술에 큰 매력을 느낀다. 도쿄산 쇼츄가 많이 알려지기를 바란다. 아메리카 고구마로 만든 '시치후쿠(七福)'가 궁금해서 수확 현장까지 방문했다. 땅을 파내고 캐낸 고구마를 보면서 농작물의 은혜와 술에 대한 고마움을 깊이 느꼈다.

숙성이라는 시간이 낳은 매혹적인 맛

SHOCHU

혼카쿠쇼츄와 아와모리의 가장 큰 매력은 숙성에서 비롯된 향기롭고 우아한 맛을 즐길 수 있다는 것이다. 보통은 증류 후 3개월 정도 저장한 후 출하하지만 반년이나 1년 또는 그 이상 숙성하면 풍미가 더해져 맛과 향이 안정되고 부드러운 술이 된다. 최근 스테인리스 탱크가 많아졌다고 하지만 아무래도 항아리나 오크통 숙성을 고집하는 양조장도 많아 숙성감을 느낄 수 있다.

옛 국철 터널인 유휴(遊休) 터널에서
숙성되고 있는 '덴파이 고큐(天盃 古久)'.
매혹적이고 그윽한 맛을 더해주는
항아리 숙성 무기쇼츄이다.

혼카쿠쇼츄의 '신슈'와 '무로카'

보통 증류주는 숙성한 후에 제품화하지만 혼카쿠쇼츄는 갓 만든 '신슈(新酒)'를 한정 수량 출하하기도 한다. 특히 이모죠츄의 신슈는 고구마의 향기와 숙성 전의 힘찬 맛, 신선한 느낌을 즐길 수 있다.

또 혼카쿠쇼츄에는 퓨젤유(Fusel Oil) 등 다양한 향미 성분이 포함되어 있는데 그 양에 따라서는 풍미를 손상시킬 수 있기 때문에 일반적으로 여과하여 출하한다. 일부러 여과 과정을 거치지 않은 술을 '무로카(無濾過)'라고 한다. 옛날 그대로의 맛을 즐길 수 있다.

쇼츄의 꽃

혼카쿠쇼츄를 잔에 따르면 하얀 고형물이 떠오를 수 있다. 이는 '쇼츄의 꽃焼酎の華'이라고 불리는 것으로 쇼츄 안에 포함된 향미 성분퓨젤유이 온도 변화로 굳어진 것이다. 평소에는 쇼츄 안에 용해되어 있지만 겨울이나 한랭지 등에서는 온도가 낮기 때문에 용해되지 못하고 고형물이 되는 것이다. 이처럼 쇼츄의 꽃이 떠오르는 것은 고품질의 혼카쿠쇼츄라는 증거이기도 하다. 쇼츄의 꽃은 온도가 올라가면서 자연스럽게 녹는다.

오유와리는 쇼츄가 먼저인가, 물이 먼저인가.

오유와리お湯割り는 사케의 누루캉과 마찬가지로 따뜻하게 데운 술이다. 몸에 큰 부담을 주지 않는다는 장점이 있다. 그럼 오유와리로 마실 때 물과 술 중 무엇을 먼저 넣는 것이 좋을까?

정답은 무엇을 먼저 넣든 상관없다. 따르는 순서에 정해진 방식은 없다. 다만 따르는 순서에 따라 맛이 달라진다. 어차피 섞이니까 맛이 똑같다고 생각하면 안 된다. 꼭 실험해보고 자신의 취향에 맞는 방법을 찾기 바란다. 아래에 그림으로 설명한 바와 같이 과학적으로 해명된 이론으로, 쇼츄와 뜨거운 물의 비중이 다르다는 것과 관련이 있다.

따뜻한 물 먼저 **쇼츄 먼저**

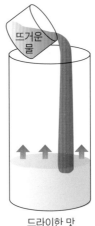

온도 차로 인해 대류가 잘 이루어진다.

알코올 휘발이 잘 이루어진다.

부드러운 맛

드라이한 맛

쇼츄의 계절어는 '여름'

보통 술에 계절은 상관없다고 생각한다. 그런데 몸에 좋다는 '아마자케(甘酒)'를 조사해봤더니 하이쿠(俳句, 일본 정형시의 일종으로 계절을 나타내는 단어가 들어가야 한다.-역주)의 세계에서 아마자케는 '여름'을 표현하는 계절어였다. 그리고 '쇼츄'도 여름을 표현하는 계절어였다. 그 이유는 쇼츄가 더위를 식혀주는 음료이기 때문이다. 앞서 사케를 설명할 때 사람의 체온과 같은 정도로 데워서 마시는 것이 몸에 좋다고 했는데, 쇼츄도 마찬가지다. 예로부터 쇼츄는 여름에도 따뜻한 물에 타서 마셨는데 몸을 차갑게 하지 않으면서 더위를 쫓기 위해서였다. 규슈가 비교적 더운 지방인데도 오유와리를 마시는 이유에는 이처럼 선인들의 지혜가 숨겨져 있다.

따뜻한 물을 먼저 넣고 나중에 쇼츄를 따르면 대류하면서 섞인다. 이렇게 하면 쇼츄의 분자에 뜨거운 물의 분자가 바로 붙는다.

반대로 쇼츄를 먼저 넣고 따뜻한 물을 나중에 부으면 액체 표면이 서로 부딪쳐 대류하는 데 시간이 걸린다. 이 둘은 맛이 어떻게 다를까? 전자는 분자끼리 붙기 쉽기 때문에 입에 닿는 감촉이 매끈하여 부드러운 맛이 난다. 반면에 후자는 분자끼리 순간적으로 부딪치면서 톡 쏘는 느낌이 나고 맛도 강하게 느껴진다. 실제로 실험해보면 체감할 수 있다. 따뜻한 물을 먼저 넣든 쇼츄를 먼저 넣든 상관없다. 취향에 따라 또는 그날 기분에 따라 바꿔가면서 즐기면 된다.

왜 쇼츄는 25도가 많을까?

SHOCHU

혼카쿠쇼츄는 위스키나 브랜디와 마찬가지로 증류주이므로 '원주'의 알코올 도수는 40~43도이다. 그런데 일반적으로 판매되는 제품은 대부분 25도나 30도이다.

그 이유는 '주세'와도 관련이 깊은데, 이런 세금 문제와는 별개로 규슈에서 오래전부터 전해 내려온 '음주법'에 그 열쇠가 있다. 원래 자가 양조가 기본이던 옛날의 증류 기술로는 알코올 도수를 기껏해야 28도 정도밖에 올리지 못했다. 그렇다고는 해도 이대로 마시면 너무 강하다. 그래서 규슈에서는 물로 희석해서 마시는 방법이 일상적이었다.

희석하는 비율은 '쇼츄6 : 물4'로 이것이 황금비율로 정착되었다. 25도 쇼츄와 물을 6 : 4의 비율로 희석하면 알코올 도수가 14도 전후가 된다. 이는 양조주인 사케나 와인과 비슷한 정도이며 부담스럽지 않게 식사와 함께 마실 수 있는 도수이다.

사실 쇼츄는 증류주 중 유일하게 식사와 함께 즐길 수 있는 술이다. 다른 증류주는 알코올 도수가 매우 높기 때문에 식후주로 마시는 경우가 많지만 일본에서는 희석하여 마시는 규슈의 독자적인 스타일이 널리 퍼지면서 알코올 도수 25도가 정착한 것이 아닌가 싶다.

물　혼카쿠쇼츄

재워두기

구로죠카(黒千代香)를 탄생시킨
가고시마현 이부스키(指宿)시의 '쵸타로
도자기공방(長太郎焼窯元)'의 구로죠카.
수제품의 온기가 최고의 오유와리를 만든다.

또한 가고시마에서는 마시기 전날부터 소주와 물로 희석해 재워두
고, 그것을 죠카千代香, 가고시마 전통 도자기 질주전자-역주에 담아 화로로 데워
마셨는데 이를 '오유와리'라고 했다고 한다. 최근에는 '젠와리前割り'라
고 부른다. 이처럼 미리 희석해두면 물 분자와 알코올 분자가 잘 섞여
매우 부드러워진다.

SHOCHU

신시대의 고루이쇼츄

고루이쇼츄란?

혼카쿠쇼츄처럼 원재료명이 붙지 않는 무미무취의 깨끗한 소주를 말한다.

19세기에 탄생한 대형 '연속식 증류기'로 반복 증류하여 무미무취의 순수 고도수 알코올 증류주를 만들어 물로 희석한 것이 고루이쇼츄甲類焼酎이다.

무미무취이기 때문에 과즙이나 차 등으로 맛을 내어 츄하이チューハイ, 쇼츄+하이볼의 합성어-역주 등으로 즐기거나 과실주 만들기에 사용한다.

왜 고루이쇼츄로 불리는가?

고루이甲類, 갑류가 있으므로 오쓰루이乙類, 을류도 있다. 최근에는 별로 사용하지 않는 말이지만 앞에서 살펴본 '혼카쿠쇼츄'의 또 다른 명칭이 '오쓰루이쇼츄乙類焼酎'이다.

원래는 일본의 증류주는 모두 총칭하여 '쇼츄'라고 불렀지만 1910년에 연속식 증류기의 도입으로 새롭게 만들어진 쇼츄를 '신식 쇼츄'라 칭하고 지금까지의 소주를 '구식 쇼츄'로 구분하였다. 그 후, 1949

년에 주세법을 통해 세금을 높인 신식 쇼츄를 '고루이쇼츄', 세금을 낮춘 구식 소주를 '오쓰루이쇼츄'로 명명했다.

갑을 표현은 등급이나 우열을 나타내는 말이기 때문에 오쓰루이쇼츄 제조업체들은 이런 표기를 받아들일 수 없었다. 역사가 깊은 일본의 증류주를 전통적인 수작업으로 어렵게 만들어온 양조장과 기계 버튼 하나로 증류하는 공장형 제조사를 아무리 비교해서 생각해봐도 오쓰루이쇼츄가 우수한데 명칭 때문에 고루이쇼츄보다 못한 술로 오해할 소지가 크다는 입장이었다. 이런 배경에서 오쓰루이쇼츄 업체들이 본격이라는 의미의 '혼카쿠쇼츄'라는 호칭을 꾸준히 제창하여 마침내 1971년에 '혼카쿠쇼츄'라는 명칭이 인정되었다.

고루이쇼츄
100년의 역사

1910년 일본에서 탄생한 고루이쇼츄 제1호는 '하이카라ハイカラ 쇼츄'로, 말린 고구마를 원료로 한 쇼츄다. 가격도 저렴해서 대중의 술로 인기를 얻었는데 1913년에는 쌀값이 폭등하고 쌀 파동까지 일어나면서 쌀을 사용하지 않는 하이카라 쇼츄의 인기는 더욱 커졌다. 이런 과정을 거치면서 탄산수로 희석한 '쇼츄 하이볼'이 전국에서 유행했다. 그리고 1973년경에 등장한 대형 이자카야 체인에 의해 풍미를 더한 '츄하이'가 등장하면서 크게 인기를 끌었다.

또한 미국산 보드카가 대대적인 붐을 일으킨 것을 계기로 일본에서도 고루이쇼츄의 붐이 일어났다. 이러한 붐은 보리나 옥수수 등을 원료로 한 저렴한 알코올 만들기 경쟁으로 이어졌고 마침내는 폐당밀을 원료로 한 대용량의 고루이쇼츄가 만들어지기 시작했다.

고루이쇼츄는 100년 전 말린 고구마를 원료로 새로운 희망을 품고 만들어진 술이다. 그렇기 때문에 현재 저렴한 고루이쇼츄의 원료에는 큰 의문이 남는다.

고루이쇼츄의 원료

원료부터 엄격하게 규정된 혼카쿠쇼츄에 비해 고루이쇼츄의 원료는 불투명한 부분이 있음을 부인할 수 없다. 전분질 원료는 당화시키지 않으면 알코올을 만들 수 없지만 당질 원료는 당화시키는 수고가 들지 않아서 손쉽게 알코올의 원료로 사용할 수 있다. 대부분의 값싼 고

고오쓰콘와쇼츄란?

이모죠츄 등과 같이 원재료명을 사용하지만 '고오쓰콘와쇼츄(甲乙混和燒酎)', '오쓰고콘와쇼츄(乙甲混和燒酎)'와 같은 식으로 표기된 제품이 있다. 말 그대로 고루이와 오쓰루이를 혼합한 쇼츄로 팩 등에 담아 비교적 저렴하게 판매되고 있다. 고루이가 먼저 표기된 경우는 고루이쇼츄를 50% 이상 사용한 제품이고 오쓰루이가 먼저 기재된 경우는 오쓰루이쇼츄를 50% 이상 사용했다는 의미이다.

루이쇼츄의 원료는 폐당밀이다.

폐당밀을 연속식 증류기로 증류를 반복하여 무미무취의 소주를 만들어 낸다. 폐당밀은 이미 역할을 마친 재료이기 때문에 당연히 저렴하다. 물론 쌀이나 옥수수로 만든 고루이쇼츄도 있지만 원가를 생각하면 판매 가격의 차이는 매우 크다. 고루이쇼츄를 선택할 때는 가격만 보지 말고 원료에 대해서도 짚어보기를 바란다.

상압 증류와
감압 증류의 차이

175페이지에 혼카쿠쇼츄의 원료에 따른 맛의 특징을 소개했는데 최근에는 다양한 제품이 많아졌다. 예를 들어 보리로 만든 무기쇼츄지만 고소하고 깊은 맛이 있는가 하면 담백한 맛을 내는 제품도 있다. 같은 원료지만 정반대의 맛을 내는 것이다. 이러한 이유는 '증류 방법'의 차

잡학지식

100년의 역사를 지키기 위해 26세에 5대째로 대를 잇다

이모죠츄 '리하치(利八)'는 온천지로서 알려진 가고시마 이부스키의 요시나가 주조(吉永酒造)에서 만든 술이다. 역사가 깊은 이 양조장은 손질부터 라벨 부착까지 단 세 명이서 운영하는 작은 가족 단위의 쇼츄 양조장이다. 전통적인 '상압 증류' 방식을 고수하고 있어 향기롭고 부드러운 맛이 특징이며 만드는 사람의 정성이 듬뿍 담겨 있다.

이 때문이다.

전통 방식 그대로의 깊은 맛을 내는 상압 증류인가, 아니면 가벼운 감촉을 추구한 감압 증류인가에 따라 같은 단식 증류기를 사용해도 맛에 큰 차이가 있다.

상압 증류常圧蒸留 : 원료 본연의 풍미를 즐길 수 있다.

500년 이상 전승된 전통적인 증류법. 저장 시 숙성 효과가 높아 구스나 장기 숙성주에 적합하다.

감압 증류減圧蒸留 : 담백하고 가벼우며 마시기 편하다.

1970년대에 등장한 새로운 증류법. 증류기 내부의 기압을 낮춰 저온에서 증류하여 담백한 맛을 낸다.

어떤 쇼츄를 골라야 할까?

혼카쿠쇼츄의 맛은 원료에서 비롯된다.
물에 희석하거나 얼음을 넣어 마시는 등 다양한 방식으로
자신의 취향에 맞춰 마실 수 있다. 뿐만 아니라
쇼츄는 증류주 중 유일하게 '식중주'로 즐길 수 있다.

무기쇼츄(麦焼酎)

고소한 보리향과 시원한 맛!
매콤한 양념, 또는 참깨
풍미의 요리와 찰떡궁합!

플레이버 쇼츄

참깨, 차조기, 토마토, 땅콩 등
다양한 맛을 즐길 수 있는
것도 쇼츄의 큰 특징이다.

이모죠츄(芋焼酎)

고구마 특유의 단맛과
감칠맛이 특징. 진한 소스를
사용한 요리와 잘 어울린다.

고쿠토쇼츄(黒糖焼酎)

흑설탕의 향기와 깊은 단맛을
즐길 수 있는 부드러운 맛.
진한 단맛과 깊은 맛을 가진
요리와 잘 어울린다.

고메쇼츄(米焼酎)

일본인의 주식인 쌀 소주는
깔끔한 맛을 즐길 수 있다.
일식, 또는 제철 음식과
궁합이 좋다.

아와모리(泡盛)

아와모리 특유의 깊은 향과
강한 맛은 숙성 기간에 따라
결정된다. 오키나와 요리와
궁합이 좋으며 술의 숙성감에
맞춰 음식을 결정하면 된다.

소바쇼츄(そば焼酎)

향기로운 메밀 소주는
신기하게도 일본인의 마음을
치유하는 향이다. 소바와
곁들여도 좋고 담백한
요리와 함께 마셔도 좋다.

고루이쇼츄(甲類焼酎)

무미무취이므로 좋아하는
맛으로 만들어 자유롭게 즐길
수 있다. 과일주를 직접 담아
즐기는 기분도 각별하다.

위험! 높은 도수의 츄하이 주의!

최근 광고를 통해 높은 도수의 츄하이를 많이 접할 수 있다.

이른바 스트롱 계열이라고 불리는 제품인데, 알코올 도수가 7~9%로 높기 때문에

마시기 쉽도록 인공 감미료와 다양한 향미를 첨가한다.

코로나19 사태로 집에서 술을 마시는 사람이 늘어나면서,

저렴한 데다 알코올 도수가 높아 빨리 취하기 때문에 인기를 끌고 있다.

그런데 이런 스트롱 계열 츄하이로 인해 알코올 중독자가 증가하고 있는 실정이다.

실제로 코로나 사태 이후 알코올 중독으로

병원을 찾는 사람이 많다는 정보를 의사 지인에게 들은 바 있다.

약물 의존 연구자나 정신과 의사들도 높은 알코올 도수의 츄하이에 대해

연이어 경고하고 있다.

생수보다 싼 술이 존재하는 것 자체가 이상한 일이며, 의심스럽게 받아들여야 한다.

필자의 가게에서는 이런 안전하지 않은 상품은 판매하지 않으며

이 문제를 계속 알려야 한다는 책임감마저 느낀다.

위스키

유리잔 속에서 호박색으로 빛나는 매혹의 증류주.

위스키는 세계 여러 나라에서 만들어진다.

그중 스코틀랜드, 아일랜드, 미국, 캐나다, 그리고 일본은 세계 '5대 위스키 산지'이다.

이들 국가는 각각의 고유한 풍토 속에서 전통 제조법을 발전시켜

개성 넘치는 위스키를 만들어내며 전 세계 위스키 팬들을 매료시키고 있다.

옛날에는 중년 남성의 술, 애주가들이 특별히 즐기는 술이라는 이미지가 강했는데

지금은 젊은 세대에까지 위스키의 매력이 확산되어 팬들이 크게 늘었다.

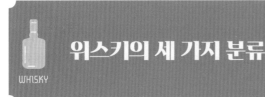

위스키의 세 가지 분류

위스키의 원료는 보리 등의 곡물이다. 곡물류를 발아, 당화, 발효시켜 증류하고, 증류한 투명한 술을 오크통으로 숙성하면 호박색으로 빛나는 위스키가 탄생한다. 자세한 제조 공정은 185페이지에서 설명하겠다.

위스키는 원료인 곡물과 그 지역의 기후, 풍토, 제조법에 따라 제각기 다른 특징을 보인다. 다음 페이지에 소개할 위스키의 세 가지 기본 분류를 알아두면 위스키를 선택할 때나 마실 때 도움이 될 것이다.

❶ 차분히 맛을 즐기는 몰트 위스키
Malt Whisky

몰트는 보리의 싹을 틔운 '맥아'를 말한다. 맥아만을 원료로 해서 주로 단식 증류기로 증류하는 위스키를 '몰트 위스키'라고 한다.

그중 '한 곳의 증류소'에서 만들어져 병입한 제품을 '싱글 몰트 위스키Single Malt'라고 부르며 증류소의 개성이 뚜렷하게 드러나는 맛이 특징이다. 비슷한 말로 '싱글 배럴Single Barrel', '싱글 캐스크Single Cask'가 있는데 이는 '하나의 술통'이라는 뜻이다. 라벨에 '싱글 몰트 위스키', '싱글 캐스크' 등이 적혀 있으면 한 곳의 증류소에서 단 하나의 술통으로 제조한 위스키를 병입한 특별한 위스키라고 생각하면 된다.

위스키의 분류

1
몰트 위스키
Malt Whisky

보리	**원료**	옥수수, 호밀, 밀, 보리 등의 곡물
단식 증류기 (혼카쿠쇼츄와 동일)	**증류기**	연속식 증류기 (고루이쇼츄와 동일)
몰트의 풍미가 풍부하게 느껴지는 맛	**풍미**	경쾌하고 깔끔한 맛
몰트	**라벨 표기**	그레인
글렌피딕, 맥캘란, 글렌리벳, 보모어, 산토리 야마자키, 니카 요이치 등	**예**	노스 브리티시, 산토리 치타, 니카 코페이 그레인, 기린 싱글 그레인 위스키 후지 등

2
그레인 위스키
Grain Whisky

몰트 위스키와 그레인 위스키를 혼합	**원료**	
몰트, 그레인	**라벨 표기**	
조화롭고 부드러움	**풍미**	
올드파, 시바스리갈, 발렌타인, 조니워커, 커티샥, 산토리 히비키 등	**예**	

3
블렌디드 위스키
Blended Whisky

❷ 경쾌하고 깔끔한 그레인 위스키
Grain Whisky

그레인은 '곡물 알갱이'를 의미한다. 옥수수나 밀, 호밀 등을 원료로 해서 만들어진 위스키를 '그레인 위스키'라고 한다.

앞선 몰트 위스키와는 달리 '연속식 증류기'로 증류하기 때문에 맛이 가볍고 부드럽다. 일명 '사일런트 스피리츠Silent Spirits'라고도 불린다. 그레인으로 만든 위스키는 세계적으로 극소수에 불과하지만 보리 생산국이 아닌 일본에서는 그레인으로 만드는 위스키를 많이 볼 수

위스키 분류

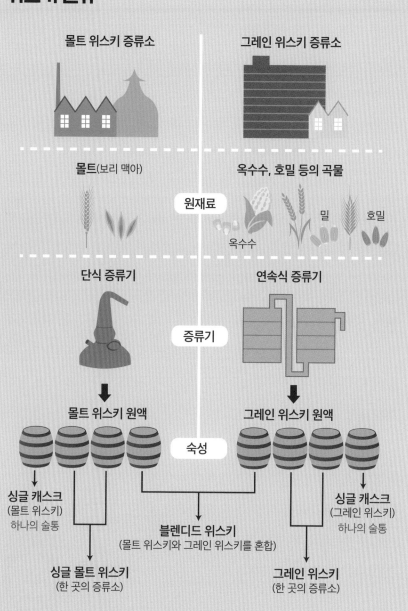

있다. 원가가 저렴한 곡물이 원료이고 대량 생산도 가능해서 대부분 블렌드용으로 사용한다.

❸ 이름난 제품들이 많은 블렌디드 위스키
Blended Whisky

'블렌디드 위스키'는 몰트 위스키와 그레인 위스키를 혼합한 것으로, 시판되는 위스키의 대부분을 차지하고 있다.

개성이 강하고 힘찬 맛이 특징인 몰트 위스키에 경쾌하고 차분한 맛의 그레인 위스키를 퍼즐처럼 끼워 맞춰 새로운 맛을 창조한다. 이때 어떤 증류소의 몰트 위스키를 어느 정도의 비율로 혼합할지는 마스터 디스틸러Master Distiller라고 불리는 블렌딩 장인이 담당한다.

밸런스가 뛰어난 블렌디드 위스키는 개성이 강한 싱글 몰트 위스키보다 마시기 쉽다. 대중적인 저렴한 제품부터 장기 숙성을 거친 고급 제품까지 가격의 폭도 매우 넓어서 각자의 금전적인 사정에 따라 선택해서 즐길 수 있다.

이처럼 위스키는 크게 세 가지로 나뉜다. 각각의 증류소가 만들어내는 개성이 강한 맛을 차분히 즐기고 싶다면 몰트 위스키를 추천하고 부드럽고 편안한 맛을 즐기고 싶다면 블렌디드 위스키를 추천한다.

위스키와 브랜디의 매혹적인 색깔은 숙성에서!

위스키와 브랜디는 매혹적인 호박색을 띤다. 보드카나 진, 쇼츄 등 다른 증류주와 마찬가지로 막 증류했을 때는 무색이지만, 증류 후에 '나무로 된 술통'에서 숙성 과정을 거치면 위스키나 브랜디처럼 색이 입혀진다.

숙성 기간뿐만 아니라 술통의 소재와 크기, 술통을 뉘여서 쌓았는지 아니면 세로로 세워서 쌓았는지 등 숙성 방법에 따라서도 술의 풍미가 달라지는데, 더욱 중요한 것은 숙성 창고가 위치한 지역의 기후와 풍토이다. 숲속인지, 바다 인근인지 등 각 증류소만의 독특한 환경에서 숙성이라는 마법의 시간을 보내야 진정한 위스키가 탄생한다. 숙성이 맛을 좌우한다고 해도 과언이 아니다.

생산국에 따라 최저 숙성 기간의 규정은 제각기 다르지만, 보통은 2년부터 10년 이상 숙성하는 위스키도 많다. 위스키는 이러한 숙성 기간을 거치면서 투명했던 원주가 호박색으로 물들어간다.

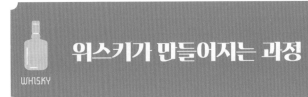

위스키가 만들어지는 과정

우선 중요한 것은 위스키에 적합한 전분질이 많이 함유된 두 줄 보리_알
곡이 두 줄로 배열되어 있는 보리-역주 품종을 선정하는 일이다. 선택된 두 줄 보리
를 물에 적시는 '침맥' 과정을 통해 발아시킨 후 건조해서 맥아_{몰트}를
만든다. 건조 시 사용하는 피트_{Peat, 이탄}를 조정하여 피트향을 입히는
강도에 따라 맛이 결정된다. 다만 이 과정은 생략하기도 한다. 그다음
으로 맥아를 분쇄하고 온수를 넣어 당화시키고, 당화가 끝난 달짝지근
한 맥아즙에 효모를 더해 발효시킨다. 여기까지는 맥주 제조법과 똑같
다. 발효가 끝나면 '증류가의 맥주'로 불리는 저알코올 액체가 탄생
한다.

　이후 몰트 위스키는 '단식 증류기', 그레인 위스키는 '연속식 증류
기'로 증류한다. 증류를 마치면 물처럼 투명한 액체가 되는데 알코올
도수가 70~80도에 이르므로 물을 첨가하여 알맞은 알코올 도수로 조
정하여 술통에 넣어 숙성한다. 술통의 재질과 크기, 숙성 연수에 따라
위스키의 맛이 달라진다.

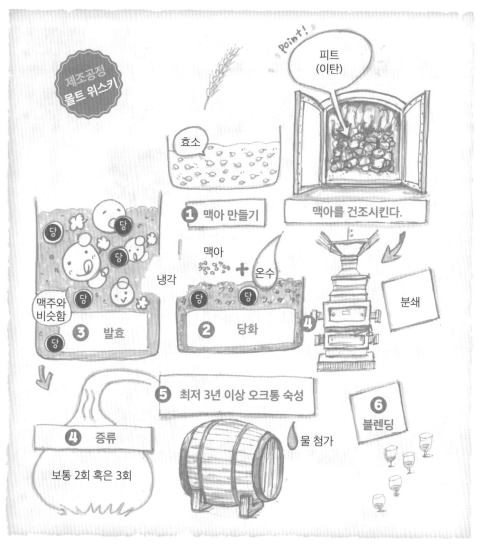

제조공정
몰트 위스키

point!

피트
(이탄)

효소

① 맥아 만들기

맥아를 건조시킨다.

맥아 ➕ 온수

분쇄

냉각

맥주와
비슷함

③ 발효

② 당화

④

⑤ 최저 3년 이상 오크통 숙성

⑥
블렌딩

④ 증류

물 첨가

보통 2회 혹은 3회

❶ 보리를 발아시켜 '맥아(몰트)'를 만들어 건조시킨다. (맥아 만들기)
　※ 알코올 발효에 필요한 당을 만들어내는 효소를 생성시킨다.

❷ 분쇄한 보리에 온수를 첨가하여 당화시킨다. (당화)

❸ 효모를 더하여 발효를 촉진한다. (발효) ※여기까지는 맥주와 거의 같다.

❹ 단식 증류기로 2~3회 증류한다. (증류) ※ 증류법은 제조사마다 다르다.

❺ 통 숙성. 스코틀랜드에서는 최소 3년 이상 숙성해야 한다. (숙성)

❻ 여러 통의 원주를 혼합하면서 맛을 결정한다. (블렌딩)

세계 5대 위스키와 기원

지금 세계에서는 프랑스, 이탈리아, 스웨덴, 체코, 아이슬란드, 대만, 인도, 태즈메이니아섬, 남아프리카 공화국 등 실로 다양한 나라에서 위스키가 만들어지고 있다. 위스키에 익숙하지 않던 나라에서도 혁신적인 위스키가 생산되고는 있지만 위스키 시장의 대부분은 '5대 위스키'라고 불리는 다섯 개 나라가 점유하고 있다.

각각의 국가는 위스키에 대한 정의가 있으며 법률에 의해 제조법이나 숙성 기간 등이 상세히 정해져 있다.

영국 북부의 스코틀랜드 지방에서 생산되는 '스카치Scotch 위스키'는 위스키의 대명사라고 불릴 정도로 유명하며 1,000년 넘게 전통 제조법을 고수하고 있다.

화산 지대였던 스코틀랜드는 광대한 땅에 양질의 보리와 풍부한 식수원을 갖추고 있을 뿐만 아니라 위스키 만들기에 필수인 피트가 풍부하다. 연중 냉량하고 온도차가 적은 기후는 위스키를 숙성하는 데 효과적이어서 그야말로 위스키 제조에 최적의 풍토를 갖추고 있다.

게다가 스코틀랜드의 위스키 제조법이 엄격히 지켜지고 있어서 헤아릴 수 없는 훌륭한 위스키를 탄생시켜왔다. 특히 피트를 활용한 스모키한 향도 큰 특징이다. 100개 이상의 증류소가 있으며 다음 페이지와 같이 여섯 개 산지로 분류된다. 산지에 따라 제각기 특징이 있으며 풍미도 다르다. 스카치 위스키를 선택할 때 지역적 특성을 알고 있으면 큰 도움이 된다.

아일랜드(Island)

북부의 서쪽 해안 앞바다에 있는 여섯 개 섬에서 생산하는 위스키를 총칭한다. 각 섬에서 개성 넘치는 위스키를 만들고 있다.

스페이사이드(Speyside)

하이랜드 지역 내에 위치한 황금의 삼각지대로 불리며, 50개 이상의 증류소가 집중되어 있다. 유명한 증류소도 많으며 섬세하고 부드러운 맛이 특징이다.

하이랜드(Highland)

스페이사이드를 제외한 스코틀랜드의 대부분을 차지하는 광대한 지역으로 30여 개의 증류소가 산재해 있다. 과일 맛부터 스파이시한 맛까지 다양한 위스키가 생산된다.

스카치 위스키 산지 6곳

오크니(Orkney)섬

루이스(Lewis)섬

스카이(Skye)섬

스코틀랜드(Scotland)

멀(Mull)섬

주라(Jura)섬

애런 제도(Aran Islands)

잉글랜드 (England)

아일라(Islay)

2019년에 하나가 늘어 현재 가동 중인 증류소는 아홉 개이다. 피트의 향미가 돋보이고 개성 넘치는 맛이 특징이다.

캠벨타운 (Campbeltown)

킨타이어 반도의 끝에 위치한 지역. 예전에는 위스키의 수도라고 불릴 정도로 번영했지만 현재는 세 개의 증류소만이 남아 있다.

로우랜드 (Lowland)

잉글랜드와 국경을 접한 저지대를 의미하는 이 지역에는 10여 개의 증류소가 있다. 가볍고 드라이한 맛이 특징이다.

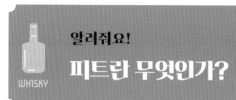

위스키를 접하다보면 '피트'라는 말을 자주 들을 수 있다.

피트란 이탄을 의미하며, 이탄이 겹친 지층의 일부가 피트이다. 이탄층이 생기는 지대는 연중 냉량한 기후로 양치류와 이끼류 등이 우거진 곳이다. 양치류와 이끼류가 말라 죽고 그 위에 식물이 자라서 또 시들고를 반복하면서 말라죽은 식물의 유해로 이루어진 층이 만들어진다. 그렇게 탄화된 층이 수천 년에 걸쳐 두꺼운 이탄층으로 자연스럽게 형성된다.

1년에 1mm 정도밖에 두꺼워지지 않지만 스코틀랜드에는 1만 년 이상에 걸쳐 형성된 이탄층도 있다. 선인들은 이 진흙 상태의 피트를 건조시키면 천연 연료가 된다는 사실을 발견했다.

스카치 위스키를 빚는 스코틀랜드에서는 피트를 채굴하여 불에 태워서 생긴 뜨거운 증기로 맥아를 건조한다. 연기가 맥아 속으로 스미도록 시간을 들여 훈연하면 독특한 스모키 향의 스카치 위스키를 만들 수 있다. 이처럼 피트를 사용하는 제조법이 스카치 위스키만의 큰 특징이라고 할 수 있다.

피트를 채굴하는 장소나 이탄층의 깊이, 사용하는 양, 태우는 시간 등으로 위스키 향의 특색이 결정되는데 스모키한 향은 가벼운 것부터 강한 것까지 매우 다양하다. 스카치 위스키 중에서도 특히 아일라 지역에서 생산되는 위스키는 요오드 풍미가 강한 개성 넘치는 맛이 특징이다. 피트 향이 강한 것을 '피티한 위스키' 또는 '피티드 위스키'라고 한다. 반대로 피트 향을 내고 싶지 않은 위스키에는 석탄 등 다른 연료를 사용하여 몰트를 건조한다.

영국은 스코틀랜드에서만 위스키를 제조할까?

영국은 네 개의 비독립국으로 구성되어 있는데, 100년 만에 잉글랜드(England)와 남서부의 웨일스(Wales)에서도 위스키를 제조하기 시작했다.

현시점에서 아직 생산량은 많지 않지만 그 고장만의 맛을 살린 위스키를 만들고 있다. 웨일스에서 2004년부터 판매하고 있는 '펜더린(Penderyn) 증류소'의 위스키는 세계에 하나밖에 없다는 증류기를 사용하고 있는데, 1년치 생산량이 대형 증류소의 하루치 정도밖에 되지 않는다. 영국에서도 이러한 전통을 소중히 하는 크래프트 위스키가 주목받고 있다.

또한 최근에는 이탈리아에도 위스키 증류소가 처음으로 생겼고 와인 왕국 프랑스도 보르도에 위스키 증류소가 설립되는 등 위스키를 제조하는 나라가 크게 늘고 있다.

스코틀랜드 증류소 방문기

위스키 제조에서 '기후와 물'은 매우 중요한 역할을 한다. 몇 년 전 스코틀랜드 증류소를 돌아볼 때였다. 8월인데도 잔뜩 흐린 날씨에 재킷이 필요할 정도로 선선함이 피부로 느껴졌다. 이곳은 연평균 기온이 12℃ 안팎이며 계절이 바뀌어도 큰 기온차가 없는 것이 특징이다. 스페이(Spey)강의 축복도 배놓을 수 없는데, 기후와 기온에 따라 강물의 색깔이 변한다고 한다. 양조가들은 이 강이 위스키처럼 연한 갈색이 되었을 때를 가장 좋아한다는데, "강물이 왜 갈색으로 변하죠?"라고 물었더니 피트 성분이 샘솟기 때문이라고 했다. 그리고 이렇게 갈색으로 변한 물은 위스키 만들기에 최적이다. 강물 색을 바꾸는 자연의 힘도 위스키 만들기의 중요한 요소 중 하나였던 것이다.

대자연 속을 흐르는 스페이강

191

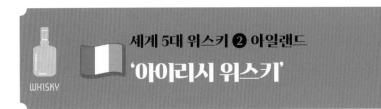

세계 5대 위스키 ❷ 아일랜드
'아이리시 위스키'

'아이리시Irish 위스키'는 북아일랜드를 포함한 아일랜드섬 전역에서 만들어지는 위스키를 말한다. 스카치 위스키보다 역사가 오래된 것으로 알려져 있으며 18세기 말에는 무허가 증류소를 포함하면 섬 전역에 2,000개나 되는 증류소가 있었고 세계 위스키 점유율의 60%가 아이리시 위스키였던 시대도 있었다. 하지만 그 후 아이리시 위스키는 침체의 길로 접어들었다.

1919년 아일랜드 독립전쟁과 1920년 미국 금주법 등을 계기로 스카치 위스키에 시장을 빼앗기고 마침내는 몇 개의 증류소밖에 남지 않을 정도로 쇠락하고 말았다. 이제 얼마 남지 않은 증류소가 협력하여 부활에 도전하고 있다.

원래 아이리시 위스키는 부드러운 향과 특유의 원숙한 맛이 일품이다. 최근 들어 세계적으로 위스키가 인기를 끌면서, 아이리시 위스키가 재조명받고 있으며 팬도 점차 증가하고 있다.

아이리시 위스키가 인기를 끄는 이유 중 하나는 아일랜드의 독특한 제조법에서 찾아볼 수 있다.

스카치 위스키와 달리 대부분의 아이리시 위스키는 피트를 사용하지 않는다. 또한 원료는 보리 맥아 외에 미발아 보리나 호밀, 밀 등을

사용해 단식 증류기로 3회 증류를 하는 전통적인 제조법을 고수하고
있다. 이와 같은 아이리시 위스키만의 '싱글 팟 스틸Single Pot Still' 증류법
이 인기 비결 중 하나로, 아이리시만의 스타일을 살린 블렌디드 위스
키와 싱글 몰트 위스키가 다양하게 생산되고 있다. 최근에는 피트를
사용한 새로운 스타일도 생겨나고 있다.

몇 년 전까지만 해도 증류소의 수가 몇 군데에 불과했지만 새로운
증류소가 잇따라 들어서면서 현재 가동 중인 증류소는 40개 이상으로
늘었다. 새로운 제품도 점점 늘고 있으며 앞으로도 확대될 전망이다.

다만 아이리시 위스키는 아일랜드섬에서 3년 이상 숙성해야 한다
고 정의되어 증류소는 많이 생겼지만 아직 제품화하지 못한 곳이 많다.

새로운 증류소에서 많은 수량의 위스키 원주가 오크통에서 숙성되
고 있으며 병에 담길 때를 기다리고 있다. 아이리시 위스키가 과거의
영광을 되찾을 수 있을지 귀추가 주목된다.

아일랜드는 펍(Pub)이
유명하다. 아무리 작은
거리라도 꼭 한 곳 이상의
펍이 있다고 한다.

'아메리칸American 위스키'는 5대 위스키 중 가장 파워풀한 맛을 자랑한
다. 미국 위스키=버번Bourbon이라고 생각하는 분들도 많은데, 주로 켄
터키Kentucky주에서 만들어지는 것이 '버번 위스키'이고 테네시Tennessee
주에서 만들어지는 것은 '테네시 위스키'라고 한다.

예전에는 켄터키주 버번 카운티에서 만들어졌기 때문에 버번이라
는 통상 명칭을 사용했으나 현재는 미국 전역에서 만들어지고 있다.

아메리칸 위스키는 캐러멜 색소의 사용을 금지하는 등 연방 알코
올법의 엄격한 규정하에 관리되고 있으며 아래와 같이 일곱 종류가
있다.

아메리칸 위스키가 다른 나라 위스키와 조금 다른 점은 원료이다.

미국의 광활한 대지에서 자란 옥수수를 비롯해 보리, 밀, 호밀 등
다양한 곡물을 섞는데 원료의 비율과 제조 방법 등에 따라 여러 종류

아메리칸 위스키의 종류

- 버번 위스키(Bourbon Whisky)
- 콘 위스키(Con Whisky)
- 몰트 위스키(Malt Whisky)
- 블렌디드 위스키(Blended Whisky)
- 라이 위스키(Rye Whisky)
- 위트 위스키(Wheat Whisky)
- 라이 몰트 위스키(Rye Malt Whisky)

로 나눈다. 그중에서도 옥수수가 주원료인 버번 위스키는 아메리칸 위스키 전체의 약 절반을 차지할 정도로 인기가 높다.

아메리칸 위스키는 17세기경 유럽에서 온 이주자들에 의해 만들어지기 시작했다. 이후 미국의 독립운동과 금주법 등으로 여러 어려움과 혼란스러운 시기를 극복하면서 개척자들이 일군 땅에서 생산하는 농작물을 원료로 전통을 이어오고 있다. 지금 우리가 맛있는 버번 위스키를 마실 수 있는 것은 개척자들 덕분이다.

캐나다는 스코틀랜드에 이어 위스키 생산량이 세계 2위이며 세계 5대 위스키 중 가장 경쾌하고 부드러운 맛이 특징이다.

필자가 위스키 초보자분들께 가장 먼저 추천드리는 위스키는 무난하고 가벼우며 마시기 편한 '캐나디안Canadian 위스키'이다.

캐나다가 영국령이던 시절에 영국 정착민들은 본국에서 수입한 위스키를 마셨다. 이후 미국 독립전쟁이 발발하면서 독립에 반대하던 영국인들이 미국에서 캐나다로 이주했고, 풍부한 농작물인 호밀을 주원료로 현지 위스키 제조가 본격화되었다. 그리고 미국에서 금주법이 시행되면서 미국 내 주류 제조와 판매가 금지되어 이웃인 캐나다 위스키의 밀수가 크게 늘었다.

일설에 따르면 세계적으로 유명한 갱단인 알 카포네Al Capone는 미국과 캐나다의 국경에 있는 디트로이트강을 건너 캐나디안 위스키 증류소를 꾸준히 다녔다고 한다. 국경을 넘어서까지 위스키를 찾았던 미국인들 덕분에 마시기 쉽고 가벼운 맛의 캐나디안 위스키는 크게 호평받고 널리 퍼졌다. 지금도 캐나디안 위스키 소비량의 70%는 미국이다.

캐나디안 위스키는 크래프트 위스키의 선구이며, 소규모까지 포함하면 80여 개의 증류소가 있다. 캐나디안 위스키가 가벼운 맛을 내는 이유는 스파이시한 위스키와 개성이 적은 위스키를 섞어 만드는 '블렌디드 위스키'가 주류이기 때문이며, 메이플을 넣은 달콤한 향기가 특징인 제품도 있다.

캐나디안 위스키를 아직 경험해보지 못했다면 꼭 한번 시도해보기 바란다. 가벼운 맛이 주는 나름의 매력이 있으며 미즈와리로 부담 없이 즐기고 싶을 때도 추천한다.

세계 5대 위스키에 일본도 이름을 올리고 있다. '재패니즈Japanese 위스키'는 20세기부터 시작되었다. 1923년에 산토리サントリー의 전신인 오사카의 '고토부키야壽屋'가 교토의 야마자키山崎에 위스키 증류소를 세운 것이 시초다.

5대 위스키 중에서도 아직 100년도 채 되지 않은 역사다. 산토리 위스키 양조에 공헌한 인물은 다케쓰루 마사타카竹鶴政孝로, 재패니즈 위스키의 아버지로 불린다. 스코틀랜드에서 위스키 양조학을 배웠으며 훗날 홋카이도에서 니카 위스키ニッカウヰスキー를 창업했다. 당시 일본은 사케나 쇼츄와 마찬가지로 주세에 등급 제도가 있었는데 위스키는 특급, 1급, 2급이 존재했다. 지금까지 소개한 각국의 위스키는 지리적, 역사적, 정치적 배경 속에서 원료와 제조 방법, 숙성 연수 등 엄격한 법률로 정의하고 지키며 위스키 문화를 구축해왔다. 그러나 일본은 해외의 인기 위스키를 바탕으로 모방해서 제조했기 때문에 역사도 짧고 원료나 첨가물, 제조 방법, 숙성 연수에 이르기까지 엄격한 법률적 정의가 없다.

미즈와리의 시초

일본에서 태어난 미즈와리(水割り, 술에 물을 타서 마시는 방식-역주)는 처음에는 품질이 낮은 위스키를 마시는 방법이었다. 대기업 제조사가 만드는 일본의 저품질 위스키가 아이러니하게도 미즈와리라는 문화를 낳은 것이다.

벼농사 문화가 중심인 일본에서 쌀 이외의 곡물로 술을 만들기에는 원료 조달도 어렵고 주질도 세계의 눈높이와 거리가 멀었다. 그래서 고육지책으로 물로 희석하여 마시는 문화가 생겨났다.

그 후, 세계로부터 재패니즈 위스키=이미테이션 위스키라는 혹독한 평가를 받으면서 일본의 위스키 제조사는 크게 도약한다. 원료, 증류 기술, 숙성 방법이 눈에 띄게 발전했고, 2001년경부터 세계 위스키 콩쿠르에서 연이어 입상하는 수준에 이르게 되었다. 다만 세계적으로 인지도가 급격히 오르면서 근래에는 투자 목적의 술이 되어버렸다. 물로 희석하지 않아도 맛있게 즐길 수 있는 재패니즈 위스키가 된 것은 다행이지만 구하기 어려운 제품도 많아 아쉽다.

재패니즈 위스키의 정의 등장

최근 일본에서는 북쪽의 홋카이도에서 남쪽의 규슈에 이르기까지 새로운 위스키 증류소가 잇달아 생기고 있다. 2008년에 개업한 치치부秩父의 '이치로즈 몰트ィチローズモルト'가 벤처 위스키로 성공한 것을 계기로 사케나 혼카쿠쇼츄 등 주조 제조사에서도 위스키를 제조하기 시작했다. 최근 세계적인 위스키 인기에 힘입어 대기업에 비해 유통량은 많지 않아도 위스키 시장에 큰 관심을 보이고 있는 것이다.

수준 높은 증류 기술과 제조법을 바탕으로 개성 강한 맛을 자랑하는 일본산 크래프트 위스키가 차례로 탄생하고 있으며 수출량도 해마다 증가하고 있는 것은 매우 고무적인 일이다. 다만 일본에서 소비되는 대량 생산품에는 다소 문제가 있다. 위스키 생산 국가치고는 역사가 짧은 일본은 다른 주류와 마찬가지로 주세법은 있어도 주조와 관련된 법적 규정은 없다.

세계 시장에서 위스키는 보통 증류 후 2년에서 3년의 숙성 기간을 거치지 않으면 병입하여 상품화할 수 없다. 그러나 현재의 일본에서는 그러한 정의가 없기 때문에 숙성을 하지 않아도 블렌딩하여 출하할 수 있고 해외에서 수입한 저렴한 위스키를 일본에서 병입하여 재패니즈 위스키라고 표기하는 실정이다.

이러한 상황에 위기감을 느낀 '일본양주 주조조합日本洋酒酒造組合'은 2021년 2월 12일에 독자적인 기준을 정했다. 그동안 소비자들에게 알리지 않고 암묵적으로 생산해왔던 일본산 위스키의 기준을 명확히 하려고 국가가 아닌 조합이 움직이기 시작한 것이다.

당연한 요건이지만 지금까지는 그렇지 않았다. 뒤늦게 원래 지켜야 할 위스키의 기준이 제자리를 찾은 것이다.

하지만 유통되고 있는 일본산 위스키 중 현시점에서 이 요건을 충족하는 제품은 극히 드물다. 일본산 위스키가 모두 이 기준이 되었을 때야말로 재패니즈 위스키가 다시 태어날 수 있는 기회라고 생각한다.

보리 생산국은 아니지만 세계와 어깨를 나란히 한 재패니즈 위스키가 '진정한 5대 위스키' 중 하나로 세계에 인정받기를 기원한다.

재패니즈 위스키로 불리기 위한 주요 요건

● 원재료는 맥아를 반드시 사용할 것.
● 일본에서 나오는 물을 사용할 것.
● 일본 증류소에서 증류할 것.
● 용량 700ℓ 이하의 나무통에 채워 일본에서 3년 이상 저장할 것.
● 일본에서 병입할 것.

어떤 위스키를 골라야 할까?

스트레이트로 마시거나 얼음, 탄산수를 넣어 마시는 등
취향과 기분에 맞게 즐길 수 있으며 일반적으로 비쌀수록
숙성 연수나 풍미가 깊다.

맛에 따라

개성이 적고 가벼운 맛

캐나디안

부드러운 향과 깔끔한 맛

아이리시

피트 향이 있는 개성적인 맛

아일라

향과 풍미가 뛰어난 맛

싱글 몰트, 고연산 블렌디드

**알코올 도수가 높고
깊은 감칠맛**

캐스크 스트렝스

한정 수량의 희소품

싱글 배럴, 독립병입보틀

마시는 방법에 따라

미즈와리로 가볍게

블렌디드 계열, 캐나디안,
재패니즈

탄산수를 넣어서

버번, 재패니즈

온 더 록으로

싱글 몰트 계열, 캐스크
스트렝스, 버번

스트레이트, 트와이스 업으로

싱글 몰트 계열,
고연산 블렌디드

핫위스키나 칵테일로

블렌디드 계열, 맛이 강한 타입

새로운 모험을 해보고 싶은 분

라이 위스키, 콘 위스키,
이탈리아 위스키

보통 하나의 증류소에서 만들어진 위스키를 '오피셜 보틀Official Bottle'이라고 하는데, 증류소가 없는 '독립병입자Independent Bottler'라고 불리는 업자가, 각 증류소와 계약해 오크통 채로 직접 위스키의 원주를 구입해 더욱 숙성시키거나 다른 오크통으로 바꿔 숙성시키는 등 독자적인 맛을 만들어 출하하는 제품도 있다. 이러한 위스키는 '독립병입 보틀'이라고 하며 업체만의 개성을 살린 맛이 위스키 팬들을 매료시키기도 한다.

예를 들어 어떤 증류소의 오피셜 보틀은 12년 숙성 제품만 있지만 독립병입 보틀에는 15년 숙성 제품이 있거나 더 빈티지한 제품이 있기도 하다. 라벨에는 독립병입자의 이름, 증류소 이름, 오크통 번호, 보틀링 번호까지 기재해 완전히 오리지널 제품으로 출하한다.

세련된 라벨의
위스키와
여러 가지
레어 위스키

아이리시 '던빌'(Dunville)

스카치 '시그나토리
이비스코 셰리'(Signatory
Ibisco Sherry)

웨일즈
'펜더린'
(Penderyn)

스카치
'에디션 스피리츠'
(Edition Spirits)

스카치
'던컨 테일러'
(Duncan Taylor)

이탈리안
'푸니'(Puni)

스카치
'크루셜 드링크스'
(Crucial Drinks)

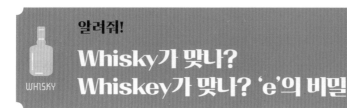
결론부터 말하면 둘 다 맞는 영문 표기다. 사실 'e'의 여부는 위스키 생산지와 제조사의 정책에 따라 다르다.

영국, 캐나다, 일본 ● Whisky 'e'가 붙지 않는다.

아일랜드 ● Whiskey 'e'가 붙는다.

미국 ● Whiskey, Whisky 둘 다 사용한다.

'e'의 비밀은 '스피릿Sprits'의 어원인 라틴어 '아쿠아 비테 Aqua-Vitae생명의 물'에 있다.

이 라틴어가 게일어인 '우슈크바하 Uisge beatha'로 번역된 후 시간이 지나면서 '우스케보 Usque baugh' ● '위스카 Usqua' ● '위스키 Usky'로 변해갔다. 그리고 영어권으로 확산되면서 'Whisky'라는 표기

로 정착하게 되었다.

한편 'Whiskey'는, 19세기 무렵 가짜 위스키가 나돌 정도로 세계적인 스카치 위스키 붐이 일자, 위스키의 발상지라는 자부심을 가진 아일랜드인들이 미국에 수출하는 스카치 위스키와 구분하기 위해 'e'를 넣었다. 'e'가 들어간 위스키가 정통성이 있다는 차별화를 노린 것이다. 이러한 흐름 속에서 미국으로 이주한 아일랜드인들이 만든 버번 위스키에도 'e'가 들어갔고, 영국 이민자에 의해 만들어진 캐나디안 위스키나 스코틀랜드에서 위스키 제조법을 배운 일본에서는 'e'가 들어가지 않게 되었다.

하이볼 = 위스키에 탄산수?

하이볼이라고 하면 위스키에 탄산수를 넣은 술이라고 생각하기 쉬운데, '하이볼 (Highball)'을 정확히 말하자면 마시는 방법 중 하나로, 위스키뿐만 아니라 각종 스피리츠나 리큐어 등을 탄산수로 희석해서 마시는 것이다. 그래서 진 소다(Gin Soda)와 럼 소다(Rum Soda), 캄파리 소다(Campari Soda)도 포함이 된다. 일본에서 태어난 츄하이도 마찬가지로 하이볼의 일종이다.

바나 해외에서 주문할 때는 스카치 앤드 소다, 버번 앤드 소다처럼 베이스가 되는 술의 종류를 명확히 하는 것이 좋다.

또한 집에서 위스키 소다를 만들 때는 병에 든 탄산수를 추천한다. 페트병의 탄산수보다 가스압이 높기 때문에 더욱 더 강력한 탄산감을 즐길 수 있다.

황금 비율은 위스키 1 : 탄산수 4로 알려져 있으며, 섬세한 맛의 스카치 위스키 등은 페리에 등 내추럴 탄산수로 섞으면 좀 더 호화로운 맛을 즐길 수 있다. 취향에 따라 레몬이나 라임을 짜 넣으면 더욱 상쾌하게 즐길 수 있다. 가정에서는 비율이나 탄산수의 종류도 취향에 맞게 즐길 수 있어 자유롭다.

다양한 방식으로
취향에 맞게 즐기자!

WHISKY

호박색으로 빛나는 황금의 술. 오늘 밤은 위스키를 즐겨보자.

알코올 도수가 40도 정도로 높은 증류주지만 굳이 억지로 스트레이트로 즐기지 않아도 된다. 취향에 맞게 무리 없이 마실 수 있는 방법으로 즐기기를 바란다.

요즘에는 취하는 것을 싫어하는 사람도 많기 때문에, 알코올에 약한 사람은 물이나 탄산수로 희석해서 마시는 방법이 정착되고 있다.

바에서는 기호에 따라 위스키 마시는 방법을 제안해주기도 한다. 집에서 마신다면 그날의 컨디션에 따라 다양한 방식으로 알코올 도수를 낮춰 즐기면 된다.

Information
여러 가지를 맛보고 싶어!

위스키 한 병은 보통 700ml이기 때문에 다소 부담될 수 있다. 이럴 때는 미니 보틀로 구매하여 맛을 비교해보자!
필자의 가게에서는 산지별로 비교 시음을 위해 소분해서 판매하는 위스키 세트가 인기다.

마시는
방식은
다양하다.

기분에 맞춰
이런 방식은
어떨까?

온 더 록
잔에 큰 얼음을 넣고
술을 따라서 천천히 마신다.

스트레이트 또는 니트
그대로의 맛을 즐긴다.
잔 모양도 여러 가지다.

하이볼
위스키에 얼음과 탄산수를 채워 마신다.
비율은 취향에 맞게 조정하면 된다.

미즈와리
술과 생수를 붓고 천천히 섞어 마신다.
얼음이 없어도 OK.

오유와리
내열 유리잔에 술과 따뜻한 물을 따라 마신다.
물의 온도에 따라 맛도 달라진다.

트와이스 업
상온의 물과 술을 같은 양으로 섞어
마신다. 알코올 도수를 낮춰 즐긴다.

아이스크림에 뿌리기
좋아하는 아이스크림에
소량의 위스키를 뿌려서 즐긴다.

미스트
잘게 부순 얼음을 담은 잔에 술을 따라
즐긴다. 온 더 록과는 또 다른 맛이다.

음료수와 섞기
토닉워터나 진저에일 등
좋아하는 음료와 희석해서 즐긴다.
단맛이 있어 칵테일 느낌으로
즐길 수 있다.

하프 록
온 더 락과 트와이스 업을 합친 방법.
얼음을 넣은 잔에 같은 양의 술과
물을 넣어 즐긴다.

우유와 섞기
위에 부담을 줄이면서
매우 부드럽게 즐길 수 있다.
얼음은 취향에 따라.

플로트
잔에 물을 70% 정도 따르고 그 위에
소량의 위스키를 띄우듯이 떨어뜨린다.
비중차로 인해 마실 때마다
조금씩 달라지는 맛을 즐긴다.

브랜디

'브랜디'. 단어의 울림만으로도 럭셔리함이 가득하다.

그래서 다소 문턱이 높은 술이라고 생각하는 분들도 많다.

일상생활에서 마실 기회도 적고 맥주나 스파클링 와인처럼

가볍게 건배하며 마시는 술이 아니라는 이미지가 강하다.

하지만 브랜디의 원료는 흔히 접할 수 있는 과일인 포도나 사과, 체리 등으로 만든다.

브랜디는 케이크나 과자 만들기에 사용하기도 해서

의외로 자신도 모르게 즐기는 경우도 많다.

일반적으로 '브랜디'라고 불리는 것 중 유명한
것은 포도 원료인 화이트 와인을 증류한 '그
레이프 브랜디'인데, 다음 페이지와 같이 포
도 이외에도 사과나 체리, 자두 등으로 만든
브랜디도 있다. 같은 프랑스산이라도 포도 재
배에 적합하지 않은 한랭지에서는 사과로 브랜디
를 만든다. 유럽에서는 '과일 브랜디'라는 묶음으로 말해지며, 그 땅에
서 난 과일로 만들어진다.

과일의 향기와 달콤함을 즐기기 위해 스트레이트로
맛볼 뿐만 아니라 탄산수로 희석하여
맛보거나 홍차에 넣기도 한다. 과자
를 만들 때 넣으면 풍미를 한층
더해준다. 즐기는 방법이 다양한
것도 브랜디의 매력이다.

다양한 종류를 자랑하는 브랜디

브랜디명	산지	원료
코냑 (Cognac)	프랑스 코냑 지방	🍇 청포도
아르마냑 (Armagnac)	프랑스 아르마냑 지방	🍇 청포도
칼바도스 (Calvados)	프랑스 노르망디 지방	🍎 사과
애플잭 (Applejack)	미국	🍎 사과
키르슈 달자스 (Kirsch d'Alsace)	프랑스 알자스 지방	🍒 체리
키르슈바서 (Kirschwasser)	독일	🍒 체리
포아르 오드비 (Poire Eau-de-Vie)	프랑스, 독일	🍐 서양배
프랑브아즈 오드비 (Frambois Eau-de-Vie)	프랑스, 독일	🫐 라즈베리
슬리보비츠 (Slivovitz)	중동부 유럽 등	🫐 서양자두
팔링카 (Pálinka)	헝가리	🫐 서양자두, 서양배, 살구
그라파 (Grappa)	이탈리아	🍇 포도(지게미)
마르 (Marc)	프랑스	🍇 포도(지게미)
피스코 (Pisco)	페루	🍇 포도

브랜디와 위스키의 차이점을 궁금해하는 사람이 많다.

둘 다 같은 증류주이며 오크통에서 숙성한 호박색의 술이지만 가장 큰 차이는 원료가 다르다는 점이다.

알코올 발효에는 '당분'이 필요한데 위스키의 원료인 보리나 호밀, 옥수수 등의 곡물은 전분질이므로 당화시키는 공정이 필요하다. 반면 브랜디의 원료는 과일이기 때문에 자체적으로 당분을 가지고 있다. 그래서 굳이 당화를 시킬 필요가 없다. 이런 간편함이 전 세계에서 다양한 과일 브랜디가 생겨난 이유이기도 하다.

● 브랜디
포도나 사과 등의 과실류가 원료
→ 원료가 당질이므로 당이 있음

증류주	원료	과일 ·········▶	브랜디
		과일 이외 곡물 등 ·········▶	위스키, 보드카, 진, 쇼츄

● 위스키
보리나 호밀 등의 곡물류가 원료
→ 원료가 전분질이므로 당이 없음
→ 당화가 필요

원료는 다르지만 브랜디도 위스키와 마찬가지로 오크통 숙성을 거치므로 호박색 술이 된다. 왼쪽은 1970년산 코냑

앞서 살펴봤듯이 브랜디의 원료는 모두 과일이다. 먼저 과일을 짜서 그 과즙을 발효시킨다.

와인은 이 단계에서 끝이지만 브랜디는 발효가 끝난 상태에서 추가로 증류를 한다.

증류는 2단계, 숙성은 오크통에서 2년 이상 등과 같이 산지에 따라 규정이 있다. 브랜디의 호박색은 오크통 숙성에서 비롯된 것이지만 오크통 숙성을 하지 않은 투명한 과일 브랜디도 있다.

청포도

② 발효

베이스 와인

당

당

③ 증류

① 압착

④ 오크통 숙성

⑤ 블렌딩

제조 공정
코냑의
경우

❶ 수확한 포도를 으깨어 포도즙을 만든다. (압착)

❷ 포도의 당분과 효모로 자연스럽게 발효되어 화이트 와인 탄생. (발효)
　　※ 여기까지는 화이트 와인 제조법과 동일.
　　※ 포도에는 당분이 있기 때문에 보리와 같이 당화 과정이 필요 없음.

❸ 알코올 발효를 마친 화이트 와인을 2단계로 나누어 증류한다. (증류)

❹ 오크통에서 2년 이상 숙성시킨다. (오크통 숙성)

❺ 숙성된 연수가 다른 원주를 혼합하면서 맛을 결정한다. (블렌딩)

'생명의 물'에서 '구운 와인'으로

프랑스에서는 브랜디를 '생명의 물'을 뜻하는 '오드비Eau-de-Vie'라고 한다. 기원전부터 와인은 특별한 의식용이나 약으로 이용되었는데, 당시 사람들은 와인을 증류해서 농축하면 보다 효과적인 치료제를 만들 수 있다고 생각했다. 실제로 중세의 의학 전문서에는 증류한 와인을 '생명의 물'을 뜻하는 라틴어인 '아쿠아 비테'라고 말하며 치료 효과가 있는 새로운 약으로 여겼다.

훗날 16세기경에 네덜란드인들이 긴 항해 동안 와인의 보존 기간을 늘리기 위해 네덜란드어로 '구운증류한 와인'이라는 뜻의 '브란데바인Brandewijn'을 만든다. 그리고 브란데바인의 향기롭고 부드러운 맛에 매료된 영국인들이 영어식 억양으로 부르면서 '브랜디Brandy'가 되었다.

세계 3대 브랜디

BRANDY

프랑스에서 생산되는, 포도가 원료인 브랜디를 총칭하여 프렌치 브랜디French Brandy라고 한다. 사과가 원료인 브랜디는 시드르 브랜디Cidre Brandy라고 한다.

- 코냑 지방의 '코냑'
- 아르마냑 지방의 '아르마냑'
- 노르망디 지방의 '칼바도스'

그중에서 위 세 가지는 각각 생산 지역, 원료의 품종, 증류 방법, 숙성 방법, 숙성 연수 등의 과정이 프랑스 와인법에 따라 엄격히 규정된 특별한 제품으로 세계 3대 브랜디로 불린다.

각각의 특징은 224페이지 이후에 소개하겠지만 그 전에 먼저 브랜디를 왜 고급 술이라고 하는지 말씀드리겠다.

왜 브랜디는
고급 술인가?

증류주의 종류는 많지만 그중에서도 브랜디는 왠지 고급스럽다는 느낌이 강하다. 가장 큰 이유는 다른 위스키나 스피리츠와 비교해 원료

자체의 가격이 비싸기 때문이다.

또한 오랜 숙성 기간이 필요하기 때문이기도 하다. 최소 숙성 기간이 짧은 것도 물론 있지만 브랜디 특유의 달콤한 향과 부드러운 맛은 숙성 기간이 길어질수록 풍부해진다. 숙성 기간이 각각의 가격에 영향을 주는 것이다.

숙성된 브랜디의 맛에 매료된 프랑스의 왕 루이 14세는 이 가치를 지키기 위해 1713년 프랑스산 브랜디를 보호하는 엄격한 법을 만들었고, 이후 브랜디는 유럽 각국의 궁정에 널리 퍼져 왕후와 귀족의 술로서 위상을 확립해나갔다.

브랜디처럼 오크통에서 숙성하는 위스키도 17년이나 30년 등의 연수 표기가 된 제품은 고가이다. 브랜디는 기본적으로 연수 표기는 하지 않지만, 그 대신 숙성 연수에 따른 엄격한 기준으로 등급을 매긴다. V.S.O.P., NAPOLEON, X.O 등이 바로 등급이다(223페이지 참조).

대부분의 브랜디는 다양한 숙성 연수의 원주를 블렌딩하여 하나의 제품으로 완성시킨다. 단일 숙성 연수의 원주만으로 만드는 경우는 거의 없다. 3대 브랜디는 A.O.C.원산지 호칭에 의해 원주의 최저 숙성 연수● 규정이 있고 원주의 숙성 연수에 따라 등급 호칭이 정해져 있다.

예를 들어 'V.S.O.P.'는 최저 숙성 연수 4년 이상, 'NAPOLEON'은 6년 이상이다. 생산지나 제조사의 정책에 따라 이 연수 규정은 다소

● 1년간 숙성한 것을 '콩트(Comte)'라고 한다. 2년간 숙성하면 '콩트2'이지만 여기서는 알기 쉽게 연수로 표기했다.

다르다. 그리고 어디까지나 '최저 연수'이므로 실제로는 이 연수 이상의 원주를 사용하는 경우가 대부분이며 V.S.O.P의 평균 숙성 연수는 6~10년이다. 그리고 숙성 연수에 따라 브랜디 고유의 호박색 농도가 달라진다.

숙성 연수뿐만 아니라 오크통으로 숙성해야 한다는 규정도 있고 각각의 등급에 따라 원료인 포도의 수확지 규정도 있다.

등급이 가장 높은 제품은 대개 몇십만 엔 정도 하는데 이런 브랜디는 100년 이상 숙성된 원주를 사용할 뿐만 아니라 포도 생산 지역이 한정적이고 포도 원가 자체도 비싸다. 그리고 상품 가치를 높이기 위해 크리스털로 만든 병을 사용하기도 한다. 고급 크리스털 병에 채워진 브랜디는 묵직하고 중후한 품격이 느껴진다. 그러나 유감스럽게도 일본의 주세법상에는 이러한 엄격한 연수 규제가 없다. 게다가 착색도 가능해서 일본산 브랜디는 언급하지 않겠다.

잡학지식

등급 명칭이 영어인 이유

V.S.O.P는 Very Superior Old Pale의 약자이다. 프랑스산인데 웬 영어? 라고 생각하는 분도 있을 것이다. 이유는 단순하다. 전 세계를 대상으로 판매하기 때문이다. 실제로 코냑은 생산량의 98%가 영국이나 미국으로 수출되고 있다. 이처럼 브랜디는 프랑스뿐만 아니라 전 세계적으로 사랑받고 있다.

어떤 브랜디를 골라야 할까?

코냑의 경우에는 숙성 연수와 포도 수확지로
브랜디 등급이 결정된다. 숙성 등급에 따라
가격대도 다양하다. 등급에 따른 향과 맛을 즐겨보자.

최저 숙성 연수		특징
2년간	☆☆☆ **V.S.** (Very Special) 아주 좋음	가격은 3,000엔 전후로 브랜디 중 가장 부담 없이 구매할 수 있는 가격대이다. 탄산수를 섞거나 칵테일, 과자 등을 만들 때 사용하기도 한다.
4년간	**V.S.O.P.** (Very Superior Old Pale) 준수하고 오래되어 말갛다.	최저 숙성은 4년이지만 평균 6~10년 이상 된 제품이 많다. 가격대는 5,000~10,000엔 정도다.
6년간	**NAPOLEON** (나폴레옹)	평균 숙성 연수 12~15년이 많다. 프랑스 황제 나폴레옹의 이름.
10년간	**X.O.** (엑스트라 올드)	평균 숙성 연수가 20~25년이며 풍미도 가격도 단번에 등급이 올라 가격대는 수만 엔 수준이다.
6년 이상	**Hors d′age** (오다주)	숙성 연수는 6년 이상이지만 X.O.보다 고품질이어야 한다.
10년 이상	**Extra** (엑스트라)	최고 등급. 2018년 3월 출하분까지는 6년 이상 숙성이었으나 4월 출하 이후는 10년 이상으로 기준이 변경되었다.

※ 아르마냑과 칼바도스는 등급 표기의 내용이 다르다.

소금과 와인의 마을이 탄생시킨 위대한 술 '코냑'

BRANDY

브랜디의 대명사라고 해도 과언이 아닌 '코냑'은 프랑스 와인의 유명 산지인 보르도에서 120km 정도 북쪽에 떨어진 샤랑트Charente의 마을 '코냑'에서 엄격한 법을 준수하며 만들어진다.

코냑에서는 로마의 식민지 시절이던 기원전 3세기 무렵에 이미 포도 재배가 시작되었다. 현재는 코냑용 청포도 품종인 '위니 블랑'의 점유율이 98% 이상으로, 코냑을 위한 땅이라고 할 수 있다.

코냑의 향기롭고 고귀한 맛은 브랜디 중에서도 최고봉으로 불리며, 전 세계에서 즐기고 있다. 코냑에는 4,000곳 이상의 포도 재배 농가 겸 증류소가 있는데 대부분이 소규모이다.

인구 1,800만 명 정도의 작은 마을 코냑은 12세기경까지 소금과 와인 산지로 번성했지만 역사적, 정치적, 지리적 배경으로 인해 점점 브랜디의 땅으로 자리 잡게 되면서 코냑의 품질이 크게 향상되었다. 이후 코냑산 브랜디는 영국 회사가 차례로 브랜드를 만들어 내놓을 정도로 주목을 받게 된다.

19세기 전반에는 오크통 숙성 기술을 도입해 상류층의 사람들을 매료시키는 맛과 향을 자랑하게 되었고 고가의 증류주로 전 세계에 이름을 떨칠 정도로 시장도 성장했다.

5대 코냑으로 불리는 '헤네시Hennessey, 마르텔Martell, 레미 마르탱 Rémy Martin, 쿠르부아지에Courvoisier, 까뮤Camus'가 전체의 80% 이상을 차지하고 있으며 이들 브랜드가 코냑의 이름을 세계로 널리 퍼트리고 있다.

나머지 20%는 소규모 브랜드이지만 사실 5대 코냑보다 뛰어난 명품이 많다. 코냑을 선택할 때 주류 전문점에서 추천하는 것은 유명 브랜드보다 소규모 브랜드의 소량 생산 제품이 많은데, 유명하지는 않지만 분명 감동적인 맛을 만날 수 있을 것이다.

프랑스에서 가장 오래된 브랜디 산지가 낳은 '아르마냑'

'아르마냑'의 정식 명칭은 '오드비 드 뱅 달마냑Eau-de-vie de vin d'Armagnac' 이다. 보르도 지방의 남동쪽에 위치한 가스코뉴Gascogne 지방의 작은 마을 '아르마냑'에서 청포도를 원료로 만드는 브랜디로, 코냑과 마찬가지로 엄격한 규제하에 만들어진다.

역사적으로 살펴보면 아르마냑에서는 코냑보다 700년 전부터 증류주가 만들어졌기 때문에, 프랑스에서 가장 오래된 브랜디 산지이기도 하다. 아르마냑은 코냑에 비하면 훨씬 작고 가족 경영이 많다. 포도 재배 면적도 크지 않아 생산량도 적지만 코냑 못지않게 훌륭한 풍미를 가진 품격 있는 명주를 만들어내고 있다.

코냑과 같은 A.O.C를 갖추고 있지만 아르마냑이 비교적 알려지지 않은 이유는 코냑처럼 대형 브랜드가 존재하지 않기 때문이다. 대신에 가족 경영의 포도 재배 농가 겸 증류소들이 소량이지만 질 좋은 아르마냑을 만들고 있다.

브랜디 애호가 중 아르마냑에 매료되어 높이 평가하는 분들이 많다. 개인적으로는 코냑이 비싸고 고급스러워 거리감이 느껴지는 반면 아르마냑은 비교적 다가가기 편해 인간미가 느껴진다.

오랜 전통의 증류법과 엄선된 숙성법을 비롯해 포도가 자라는 아르마냑의 토양이 코냑과는 다른 풍미를 즐길 수 있게 해준다.

대부분의 코냑은 서로 다른 빈티지의 원주를 혼합해서 제품화하므로 수확년도의 연호 표기를 하지 않지만 아르마냑은 품질 좋은 포도만을 사용하여 숙성시킨 빈티지 제품도 존재한다.

소설로 유명해진 노르망디에서 태어난 '칼바도스'

사과가 원료인 '칼바도스'는 코냑이나 아르마냑과 마찬가지로 프랑스의 와인법 A.O.C.의 규정을 엄격히 지키고 있다. 칼바도스는 노르망디 지방의 토속주로, 독일 작가 에리히 마리아 레마르크의 장편소설《개선문》에서 칼바도스를 마시는 장면이 그려져 유명해졌다고 한다.

프랑스 북부의 한랭지에서는 포도가 자라기 어렵다. 대신에 하나님은 사과라는 맛있는 과일을 노르망디 지방에 주셨다.

사과를 발효시켜 만드는 발포주인 '시드르'도 노르망디가 발상지이다. 시드르는 사과의 신맛과 단맛이 잘 표현된 술이며 산뜻하고 편안한 맛으로 많은 애호가를 확보하고 있다.

노르망디 지방의 사과즙을 발효시켜 증류시킨 술이 바로 '칼바도스'이다. 원료가 100% 사과 와인인 경우도 있지만, 서양배 와인을 블렌딩한 제품도 있다.

같은 사과 증류주라도 이 지역 이외에서 만든 제품은 '칼바도스'라는 이름을 사용할 수 없고 '오드비 드 시드르시드르 브랜디'라고 불러 구분한다.

'칼바도스 페이 도주Calvados Pays D'Auge', '칼바도스 동프롱테Calvados Domfrontais'라는 지역명이 라벨에 표기된 칼바도스는 한층 더 품질이 우수하다. 해당 산지에서 수확한 사과나 서
양배로 주조해야 함은 물론이고 사과와
서양배의 혼합율과 증류 방법, 숙성 연수
등이 정해져 있어 대량 생산이 불가능하
기 때문이다. 오크통 숙성으로 훌륭한 향
과 그윽한 맛이 일품인 희소가치 높은 칼
바도스다.

　지역명이 없이 단순히 '칼바도스'만 표기된 제품은 노르망디 지방
전역과 그 옆 브르타뉴Bretagne 지방의 몇몇 산지에서 수확된 사과와 서
양배를 사용한다. 이들 제품은 최소 2년 이상 숙성하는 것만 지키면
된다. 따라서 지역명이 표기된 칼바도스보다 부담이 적은 가격대이다.

칼바도스의 부드럽고 달콤한 사과향과 고급스럽고 부드러운 맛은 뭐라 표현할 수 없는 편안함을 준다. 케이크나 디저트와 함께 마시거나 하루의 끝을 칼바도스로 마무리한다면 더할 나위 없이 행복한 기분을 느낄 것이다. 홍차에 몇 방울 넣어 마시는 애플 티도 추천한다.

사과가 통째로 들어간 브랜디, 어떻게 넣었을까?

병 입구는 좁은데 병 속에 큰 사과가 통째로 들어간 '칼바도스'가 있다.

사과나무에 꽃이 피고 작은 열매가 열리기 시작할 때 병의 입구로 열매를 넣고, 병을 그물로 걸어 사과나무와 함께 매달아 둔다. 이렇게 하면 매달린 병 속에서 작은 사과 열매가 쑥쑥 자란다.

가을이 되어 크게 자란 사과를 확인하고 사과 가지를 잘라 매달아놓은 끈과 그물을 떼어낸다. 그러면 병 안에 사과가 들어간 상태가 된다. 여기에 2년 이상 숙성한 칼바도스를 여러 번 나누어 붓는다.

이 제조법은 무척 손이 많이 가는 작업이지만 칼바도스 지역의 전통적인 제조법이다. 마찬가지로 서양배를 통째로 넣은 '포아르 윌리엄스(Poire Williams)'도 있다.

기본적으로 브랜디는 깊은 향과 맛을 즐기는 술이지만 저렴한 가격으로 구매할 수 있는, 숙성 연수가 짧은 제품도 있다. 스트레이트로 맛보는 것도 좋지만 가격이 부담이 없다면 다양한 방법으로 즐겨보기를 추천한다.

과일로 만드는 브랜디는 역시 과일과 잘 어울린다. 잘 익은 멜론이나 복숭아에 뿌려 먹거나 멜론을 반으로 잘라 씨를 뺀 부분에 부어서 즐기는 방법도 있다. 신맛이 나는 감귤이나 오렌지, 자몽 등에 뿌려 먹으면 과일도 브랜디도 맛있게 즐길 수 있다.

또 탄산수로 희석하여 오렌지 같은 과일을 넣어 마시는 스프리처 Spritzer도 맛있다. 브랜디를 탄산수로 희석한다는 것은 얼마 전까지만 해도 상상할 수 없던 일이었지만 몇 년 전 '헤네시'가 60년 만에 세상에 내놓은 신작 '헤네시 블랙Hennessy Black'은 오늘날 젊은이들의 음주 문화에 맞춰 하이볼로도 즐길 수 있도록 전례 없는 맛을 만들어냈다.

필자는 개인적으로 브랜디에 우유를 넣어 마시는 방법을 즐긴다. 브랜디의 우아한 향과 깊은 감칠맛이 우유와 딱 맞아떨어진다. 겨울에는 뜨거운 우유에 약간의 브랜디를 넣으면 매우 기분 좋은 맛을 즐길 수 있다.

브랜디는 잔을 손바닥으로 감싸 온기를 더해 마시는 방법이 유명하다. 하지만 반대하는 사람도 많다. 온도가 올라가면 브랜디의 알코올이 휘발되어 고유의 향기가 손상된다는 의견도 있다.

최근에는 다리가 달린 작은 잔으로 즐기는 분들도 늘고 있다. 개인 취향이므로 어느 쪽이 정답이라고 할 수는 없다. 두 가지 방법으로 비교 시음해보고 자신이 좋아하는 맛을 찾아보자.

얼마 전 60년 숙성된 코냑을 여러 가지 브랜디 잔으로 마셔봤는데 뭔가 계속 아쉬워서 시험 삼아 사케잔으로 마셨더니 놀랄 정도로 부드러운 맛이 느껴져서 의아해한 적이 있다.

술 자체도 중요하지만 마시는 방식에 따라 술이 어떻게 달라지는지를 깨닫게 된 계기였다.

와인 지게미가 원료인 그라파 & 마르

그라파와 마르도 브랜디의 일종이다.

'그라파'는 와인을 만들고 난 후 남은 지게미로 만든 이탈리아의 브랜디이다. 포도 찌꺼기가 원료인 셈이다. 사케의 지게미로 만드는 가스토리 쇼츄(粕取り焼酎)와도 비슷하다.

일명 '퍼미스 브랜디(Pomace Brandy)'라고 하며 그 대표 격이 이탈리아의 '그라파'이다. 와인이 대중적인 음료가 아니라 고급품이었던 시절에 이탈리아 포도 재배 농가들이 밭의 거름으로 사용하던 포도 지게미를 이용해 증류주를 만들어봤더니 맛있어서 깜짝 놀랐다는 기원설이 있다.

와인의 가격이 천차만별이듯 그라파도 고급 와인을 만들고 나온 찌꺼기를 이용한 것, 포도 품종별로 만든 것 등 다양한 상품이 시장에 나와 있다.

'마르'는 그라파의 프랑스 버전이다. 프랑스에서는 각 와인 산지만의 마르가 존재한다. 샹파뉴의 마르도 있다. 브랜디와 마찬가지로 식후에 천천히 즐기는 술 중 하나다.

스피리츠

'스피릿spirit'은 정신과 영혼을 뜻한다.

원재료를 발효한 액체를 증류한 술을 일컬어 '증류주 = 스피리츠'라고 한다.

스피리츠의 어원은 라틴어 '아쿠아 비테(생명의 물)'인데,

이는 육체에 정신을 불어넣는 음료, 생명을 살리는 음료로 여겼기 때문이다.

알코올 도수가 높은 술이라는 의미로 '하드 리큐어(hard liquor, 독주)'라고도 한다.

넓은 의미에서는 위스키나 브랜디, 쇼츄도 증류주에 속하지만

일반적으로 이들을 제외한 보드카, 진, 럼, 테킬라를 '세계 4대 스피리츠'라고 한다.

그밖에 남미와 아시아에도 다양한 원료로 만든 스피리츠가 존재한다.

세계의 스피리츠

명칭	생산국	원료
보드카(Vodka)	러시아, 폴란드 등	곡물류
진(Gin)	네덜란드, 영국, 독일 등	곡물류
럼(Rum)	카리브해 등	사탕수수
테킬라(Tequila)	멕시코	용설란
아쿠아빗(Aquavit)	북유럽 국가	감자
코른(Korn)	독일	곡물
슈납스(Schnaps)	독일	곡물, 감자
아락(Arak)	중동, 동남아시아	야자열매, 당밀, 쌀 외
핑가(Pinga), 카샤싸(Cachaça)	브라질	당밀
피스코(Pisco)	페루	포도

세계 4대 스피리츠: 보드카(Vodka), 진(Gin), 럼(Rum), 테킬라(Tequila)

추운 지역에서 탄생한
곡물 증류주 '보드카'

'보드카'는 보리, 밀, 호밀, 옥수수, 감자, 사탕무 등을 원료로 발효시키고 증류해서 여과해 만든다. 무미무취, 무색투명의 깔끔한 맛이 특징이다.

보드카하면 러시아를 가장 먼저 떠올리겠지만 폴란드를 비롯하여 우크라이나, 에스토니아, 스웨덴, 노르웨이, 슬로바키아 외에도 프랑스, 캐나다, 미국 그리고 일본 등 실로 많은 나라에서 만들어지고 있다. 그 이유 중 하나는 원료의 범용성 때문이다. 각지의 다양한 곡물을 원료로 사용할 수 있어서 전 세계의 여러 곳에서 만들 수 있는 것이다.

보드카의 기원은 수수께끼에 싸인 채로 남아 있지만 11세기 무렵 동유럽에서 탄생한 것으로 추측한다. 발상지로 여겨지는 러시아와 폴란드에서는 기원 논쟁도 있다. 두 나라 모두 자신들이 최고의 보드카를 만들고 있다고 주장한다.

보드카의 시초는 원래 술이 아닌 수도사의 '영약靈藥'으로, 치료제나 소독제로 사용하기 위해 만들어졌다. 지금도 고도수의 알코올은 찜질, 위생 관리, 세정액 등 약용으로 쓰인다.

실제로 보드카로 몸을 청결히 유지한 덕분에 유럽을 강타한 흑사병 유행에서 폴란드의 감염자가 적었다는 설도 있어 폴란드에서 보드카는 소독제로도 가치가 있었음을 알 수 있다.

보드카의 최대 매력은 '여과로 깔끔한 맛을 낸다'는 것이다. 수도사가 제조하던 초기의 보드카는 증류 후 불순물이 많이 남아 깔끔한 맛과는 거리가 멀었기 때문에 마시기 쉬운 깔끔한 맛을 찾아 여과 방법을 다각도로 모색했다. 18세기 말에 자작나무 숯을 사용해 여과하는 기법이 발견되었고, 현재는 필터에 모래, 용암, 석영, 수정 등 다양한 물질을 사용하여 여과하고 있다.

숙성이라는 개념이 없는 보드카

기본적으로 보드카는 제조 공정에서 증류 후 몇 년 이상 숙성해야 한다는 개념이 없기 때문에 빈티지 제품이 거의 존재하지 않는다.

위스키 등은 숙성을 통해 풍미가 더해져 풍부한 맛이 만들어지지만, 보드카는 깔끔한 맛이 목적이므로 숙성이 필요 없다. 그래서 맛의 변화가 없는 그야말로 한결같은 증류주이다.

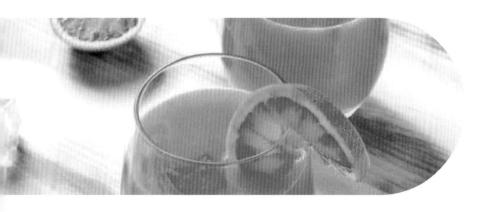

세계 최강의 술은 알코올 도수 96도!

세계에서 가장 알코올 도수가 높은 술은 폴란드의 보드카인 '스피리터스(Spirytus)'이다. 알코올 도수가 무려 96도로 100%에 한없이 가까운 고농도의 순수 알코올이다. 라벨에는 폴란드어로 정제 알코올을 뜻하는 'SPIRYTUS REKTYFIKOWANY'라고 적혀있다.

일반 보드카의 알코올 도수는 40~50도이지만 증류를 70회 이상 반복하여 96도까지 끌어올렸다. 스피리터스를 스트레이트로 마시는 것은 몸에 자극이 너무 강하기 때문에 삼가는 것이 좋다.

폴란드에서는 과일 등을 넣어 수제 과일 리큐어를 만드는 경우가 많다. 알코올 도수가 높기 때문에 담그는 시간도 짧다.

보드카는 이러한 깔끔한 맛을 살려 칵테일의 베이스로 사용되는 경우가 많다.

오렌지 주스와 섞은 스크루드라이버Screwdriver, 진저에일과 섞은 모스코 뮬Moscow mule, 자몽 주스와 섞어 잔 가장자리에 소금을 찍어 마시는 솔티 독Salty Dog 등 부재료를 돋보이게 해주는 술이다.

프리미엄 보드카와 플레이버드 보드카

보드카는 비교적 저렴한 술이지만 보드카 애호가를 매료시키는 고품질 '프리미엄 보드카Premium Vodka'도 있다.

엄선된 원료와 물을 사용하여 무색무취 속에서도 뭐라고 형용할 수 없는 숨겨진 부드러운 향기를 내며 매끄러운 맛으로 완성된 최상급품은 '럭셔리 보드카'로도 불린다.

프랑스산 그레이구스Grey Goose와 폴란드산 벨베디어Belvedere는 바닐라나 꽃과 같은 우아한 향기가 나며 벨벳 같이 부드러운 술이다. 토닉이나 주스 등과 섞어 마시는 것이 아까울 정도여서 스트레이트나 온 더 록으로 즐기는 사람이 많다.

보드카는 기본적으로 무미무취, 무색투명하기 때문에 오렌지, 레몬, 망고 등 과일을 비롯해서 향신료, 허브 등 스파이시한 풍미를 첨가한 보드카도 매우 많다. 이러한 보드카를 '플레이버드 보드카Flavored Vodka'

라고 한다.

참고로 보드카는 숙성의 개념이 없지
만 브랜디 등으로 풍미를 더해 와인통에
서 숙성시킨 러시아의 올드 보드카 '슈타
르카 Starka'가 있고, 벨기에에서는 숙성한
빈티지 보드카도 존재한다.

20가지 허브를 사용한 폴란드의 보드카

'즈브로카'는 봄의 맛?

폴란드에서 만든 '즈브로카(Żubrówka)'는 보드카 병 속에 풀 한 포기가 들어 있는
술로 유명하다. 플레이버드 보드카인 이 술에 들어 있는 풀은 바이슨 그라스(Bison
Grass)이다. 오래 사는 동물인 들소가 주로 먹는 풀로, 장수의 비결이 있다고 믿은 현
지인들이 보드카 안에 넣으면서 시작되었다. 즈브로카를 잔에 따르면
일본의 사쿠라모치(桜餅, 벚나무 잎으로 감싼 일본의 전통 떡-역주)
와 같은 향기가 나서 폴란드 술인데도 일본의 정취를 느낄 수 있다.
토닉 워터와 오렌지 주스, 사과 주스 등으로 희석하여 마시면 봄바람
이 넘실대는 듯한 부드러운 맛의 칵테일을 즐길 수 있다.
바이슨 그라스는 현재도 하나하나 수작업으로 병 안에 넣는다고 한
다. 장수를 기원하며 정성 들여 만드는 즈브로카는 세계의 많은 사람
이 즐기는 술이다.

어떤 보드카를 골라야 할까?

보드카야말로 자유자재로 즐길 수 있는 술이다.
집에서 주스나 탄산음료를 넣고 칵테일을 만들어보면 어떨까?!
자신만의 오리지널 과실주나 플레이버드 보드카를
담아보는 것도 즐겁다.

 스미노프, 앱솔루트, 핀란디아 etc.

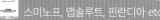

스탠다드 보드카(Standard Vodka)

무미무취의 깨끗한 퓨어 보드카. 차갑게 식히거나 살짝
얼려서 스트레이트로 마시고 칵테일 베이스로도 활용한다!

 그레이구스, 벨베디어 etc.

프리미엄 보드카(Premium Vodka)

원료부터 증류 방법까지 고품질을 지향하여 심혈을 기울인
고급 보드카. 화사한 향과 부드러운 감촉이 특징.

 즈브로카,
오렌지 보드카, 레몬 보드카, 페르초프카

플레이버드 보드카(Flavored Vodka)

퓨어한 보드카에 허브와 과일, 향신료 등
향을 첨가한 보드카. 온 더 록이나 하이볼로 즐긴다!

레몬, 오렌지, 망고, 라임,
카시스, 바닐라, 후추, 고추 etc.

 슈타르카, 올드 보드카

슈타르카(Starka)

사과와 브랜디 등을 더한 호박색 보드카.

100년도 더 된
옛 증류소를
리모델링한
바르샤바의
보드카 박물관

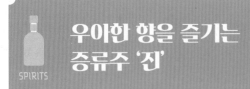

우아한 향을 즐기는 증류주 '진'

'진'하면 영국을 먼저 떠올리는 사람이 많은데 실은 네덜란드가 고향이다.

진의 원료는 보드카와 같은 곡물류이지만 무미무취인 보드카와는 달리 '보태니컬Botanical, 향초나 약초'을 수십 종 사용하여 향에 초점을 맞춘 스피리츠이다.

여러 보태니컬 중에서도 주니퍼 베리Juniper Berry라는 침엽수의 열매를 반드시 사용하는데, 주니퍼 베리의 향을 기본으로 다른 보태니컬을 조합하여 독특한 향을 만들어낸다.

전통적으로 네덜란드, 독일, 영국에서 훌륭한 진을 만들고 있지만 최근에는 소규모 증류소에서 소량 생산하는 개성 넘치는 진이 등장하며 진의 잠재력이 평가받고 있다.

새로운 시대의 '크래프트 진'

요즘 '크래프트 진'이라는 말을 많이 듣는다.

크래프트 맥주와 마찬가지로 명확한 정의는 없지만 굳이 말하자면 소규모 증류소에서 전통적이고 혁신적인 제조법으로, 보태니컬 등 원

준비작업

맥아

효모

물

곡물

1 당화

2 발효

3 1차 증류

연속식 증류로
베이스 스피리츠 완성

당   당

당   당

4 침지하여
2차 증류

물

냉각

베이스 스피리츠에
보태니컬을
침지하여 증류

진에 사용되는 보태니컬

주니퍼 베리, 고수씨, 안젤리카, 감초,
스위트 오렌지필, 비터 오렌지필, 레몬필,
소두구씨, 진저, 시나몬 등

1 원료를 당화시킨다. (당화)

2 알코올 발효를 촉진시킨다. (발효)

3 연속식 증류기로 베이스 스피리츠를 만든다. (1차 증류)

4 **3**에 보태니컬을 침지하여 단식 증류기로 증류한다. (2차 증류)

진은 최고의 특효약이었다.

진은 1660년 네덜란드 레이던 대학교 의과대학의 프란시스쿠스(Franciscus) 교수가 식민지에서 열병 특효약으로 이뇨 작용, 해열 효과, 소화 장애 개선 효과가 있는 약초인 주니퍼 베리를 절인 약주를 고안하면서 시작되었다. 주니퍼 베리를 쉽게 섭취할 수 있도록 알코올에 재워 증류하여 성분을 추출해 농도를 높인 것이다.

프란시스쿠스 교수는 그 약주에 '주니에브르(Genièvre)'라는 이름을 붙여 약국에서 판매했고 폭발적인 인기를 끌었다. 이렇듯 진은 처음에는 약으로 복용하다가 점차 술로 즐기게 되었다. 네덜란드에서는 현재도 진에 약효가 있다고 생각하는 사람이 많아서 스트레이트로 마신다고 한다.

또한 진토닉은 가정에서도 쉽게 만들 수 있는 칵테일로, 토닉워터에 사용되는 주요 향초는 '퀴닌(Quinine)'이라고 하는 기나나무(Cinchona)의 나무즙이다. 이것은 말라리아의 특효약으로도 사용되었다. 당시 유럽에 맹위를 떨치던 열병 말라리아는 인도를 식민지화했던 영국군에게도 위협적이었다. 그래서 해열 효과가 있다고 알려진 진에 퀴닌을 넣어 탄산수로 희석하고 쓴맛을 없애기 위해 설탕을 넣는 식의 음용법을 개발했다. 이것이 진토닉의 시초로 알려져 있다.

료의 품질에 주안점을 두어 장인 정신으로 소량 생산 또는 핸드메이드로 제조하는 진이라고 이해하면 될 것이다.

스코틀랜드산 '헨드릭스 진Hendrick's Gin'이 크래프트 진의 선구자로 불린다. 독자적인 증류법에 장미와 엘더플라워Elderflower, 캐모마일 등 꽃향기 추출물을 더해 마치 향수와 같은 화려한 풍미를 가진 진을 만들어냈다. 생산 수량은 극히 적지만 런던 드라이 진과는 전혀 다른 개성을 가진 진으로 각광받고 있다.

덧붙여 프랑스산 '르 진Le Gin'은 프랑스 칼바도스 브랜디 증류소가 만든 진이고, '몽키 47Monkey 47'은 47가지의 보태니컬을 조합한 독일산 드라이 진이다. 그 밖에 미국과 캐나다 등 전 세계에서 그 땅의 보태니컬을 살린 수제 진이 화제를 모으고 있다.

세계가 주목하는
재패니즈 크래프트 진

2016년 교토증류소京都蒸留所가 일본 최초로 드라이 진을 출시한 것을 시작으로 지금 일본에서도 크래프트 진이 큰 인기를 끌고 있다. 교토증류소의 '기노비季の美'는 주니퍼 베리는 물론이고 교토산 고품질 원료를 고집해 생강과 유자, 교쿠로玉露, 일광량을 조절한 새싹으로 제조된 녹차의 일종 -역주 등 일본식 보태니컬을 사용한 순일본제 진이다. 무려 후시미伏見, 일본을 대표하는 사케 생산지-역주의 양조장에서 사용하는 물로 블렌딩하여 마무리한다고 한다. 이 증류소는 앞을 지나가기만 해도 레몬과 허브 등의 기분 좋은 향기가 풍겨온다.

SAKURAO
DISTILLERY의
오리지널
증류기

또한 히로시마의 사쿠라오 브루어리 앤 디스틸러리는 크래프트 증류소 'SAKURAO DISTILLERY'를 설립하고 위스키를 비롯하여 진을 생산하면서 세계적 스피릿 콩쿠르에서 입상할 정도로 우수한 제품인 '사쿠라오桜尾'를 탄생시켰다.

놀라운 점은 전 세계의 증류기를 둘러보고 증류기를 독자적으로 개발했다는 것이다. 히로시마의 굴과 레몬을 보태니컬로 한 진, 미야지마宮島의 해변 식물인 순비기나무를 사용한 화려한 향기를 자랑하는 진 등 자신들만의 개성을 추구하고 있다.

순비기나무의 꽃

그 밖에 가고시마의 혼카쿠쇼츄를 빚는 고마사 양조小正醸造에서는 사쿠라지마桜島 고미칸小みかん, 일본에서 재배되는 작은 밀감-역주을, 오키나와의 아와모리 제조사 마사히로 주조まさひろ酒造에서는 특산물인 시쿠와사シークワーサー, 일본 오키나와산 감귤류-역주를 사용하는 등 메인 보태니컬도 토종을 고집한다. 그리고 가고시마의 이모죠츄가 베이스인 진도 생산하는 등 지금 일본에서는 지역 고유의 원료와 보태니컬을 고집한 개성 넘치는 진이 연이어 탄생하고 있다.

'사쿠라오' 한정품
HAMAGOU

어떤 진을 골라야 할까?

생산국이나 제조법의 차이에 따라 맛이 다양하다.
증류법이나 주니퍼 베리의 사용법 하나만 따져도 각 지역의
방식이 서로 다르다. 칵테일로 마실 때도 어떤 진을 베이스로
사용하는지에 따라 맛이 완전히 달라지기도 한다.

 영국 　　　　봄베이사파이어, 탱커레이, 고든 etc.

런던 드라이 진(London Dry Gin)
깔끔한 맛이 많아 드라이한 칵테일의 베이스로 많이 쓰인다.

 영국

플리머스 진(Plymouth Gin)
영국 해군을 위해 만들어진
술로 알려졌으며 플리머스 항
부근에서 생산된다. 단단하고
드라이한 맛이 특징이다.

 독일

슈타인헤거(Steinhäger)
발상지인 슈타인하겐 마을에서만
만들 수 있다. 주니퍼 베리의 향과
부드러운 느낌을 즐길 수 있는 진.

 네덜란드

예너베르 진(Jenever Gin)
진의 원형. 네덜란드, 벨기에,
프랑스, 독일 일부에서만
만들어진다. 향긋한 향과
진의 깊이를 즐길 수 있다.

 영국

올드 톰 진(Old Tom Gin)
설탕 등을 더한
부드럽고 은은한 진.

 일본

재패니즈 크래프트 진
각각의 브랜드가
일본만의 보태니컬을 사용해
맛있는 진을 제조하고 있다.

사탕수수로 유명한 카리브해에서 태어난 증류주 '럼'

SPIRITS

영화 《캐리비안의 해적》에서 해적들이 즐기던 술이 바로 '럼'이다. 럼은 카리브해에서 재배되는 사탕수수를 원료로 만드는 증류주로 달콤한 향과 깊은 맛이 가장 큰 특징이며 제과 재료로도 자주 사용된다.

럼은 설탕의 역사와 관련이 깊다. 8세기경 이집트에서 재배되기 시작한 사탕수수는 먼저 지중해 연안 국가들로 전파되었다. 그러다가 1492년 콜럼버스가 서인도 제도를 발견하면서 카리브해 제도로 반입되었다. 카리브해 지역은 사탕수수 재배에 적합한 기후였을 뿐만 아니라 유럽의 식민지 정책과도 맞물려 이후 세계 제일의 생산지가 되었다.

사탕수수로 설탕을 만들 때 생기는 '당밀'은 영양가가 높아 꿀 대용품으로 사용하기도 했으며 설탕 생산량이 늘면서 당밀의 양도 증가했다. 럼은 이처럼 대량으로 만들어지는 당밀을 처리하기 위해 고심하던 중 16세기경에 당밀을 발효시켜 증류해서 만드는 술이 개발되면서 탄생했다.

17세기 초에는 증류 기술을 가진 영국 및 프랑스에서 사람들이 이주해옴에 따라 카리브해의 여러 섬에서도 럼을 생산하기 시작했다. 당시는 노예제도가 있던 시절로, 럼이 삼각무역의 자금줄이 되고 당밀이 과세화되는 등 슬프고 복잡한 역사의 소용돌이 속에 놓여 있었다.

이후 20세기 들어 카리브해 지역의 여러 나라가 식민지에서 독립하면서 '럼'도 크게 변모하고 있다. 현재는 원료인 사탕수수와 증류법, 숙성법을 고도화하여 훌륭한 품질의 럼이 선보이고 있다.

전체의 10%밖에 없는 '아그리콜 럼'이란?

대부분의 럼은 당밀을 원료로, 발효시켜 증류하여 제조한다.

당밀에는 당분이 충분히 남아 있기 때문에 알코올 발효에 필요한 당을 포함하고 있는 셈이다. 그래서 원료를 당화시킬 필요가 없고 당밀 그대로를 원료로 사용할 수 있다. 당밀을 원료로 만든 럼을 '인더스트리얼 럼Industrial Rum' 또는 '트래디셔널 럼Traditional Rum'이라고 한다. 말 그대로 공산품이다.

공산품이라고 하니 그다지 좋은 이미지가 아닐지도 모르지만 세계 럼 생산량의 90%는 당밀을 원료로 사용한 제조법을 고수하고 있다. 대량 생산도 가능해 저렴한 제품부터 숙성을 거친 풍미가 뛰어난 제품까지 다양하다.

한편, 농업 생산품으로서 '아그리콜 럼Agricole Rum'이라고 불리는 럼도 있는데 갓 수확한 신선한 사탕수수 주스 100%를 원료로 사용한다. 프랑스의 럼은 대부분은 이 제조법을 따른다.

사탕수수는 수확 직후부터 가수분해와 박테리아 발효가 시작되기 때문에 바로 원료 처리를 해야 한다. 그래서 아그리콜 럼 제조자는 사탕수수밭 바로 근처에 증류소를 세운다.

원료 처리에 따른
3가지 럼의 차이점

공통 ▶ 발효 ▶ 증류 ▶ 숙성(무숙성도 있음) ▶ 병입

**트래디셔널 럼 및
인더스트리얼 럼**

사탕수수
▼
사탕수수
주스
▼
당밀

아그리콜 럼

사탕수수
▼
사탕수수
주스

**하이테스트
몰라세스 럼**

사탕수수
▼
사탕수수
주스
▼
시럽

이처럼 고품질을 지향하는 아그리콜 럼은 19세기에 프랑스령 마르티니크Martinique섬에서 시작되었으며 생산량은 전체 럼의 10% 정도밖에 되지 않는다.

최근에는 '하이테스트 몰라세스 럼High-Test Molasses Rum'이라는 제품도 등장했는데 사탕수수 주스를 가열해 시럽 상태로 만든 원료를 100% 사용해 제조한다. 당밀보다 당도가 높고 냉장 관리가 가능해 사탕수수 수확 시기뿐만 아니라 연중 생산이 가능하다.

가열된 시럽을 굳힌 흑설탕을 원료로 사용하기도 한다. 일본의 고쿠토쇼츄는 흑당 상태의 원료로 만드는 증류주다.

세계에는 300종이 넘는 사탕수수가 있으며 프랑스산 럼에는 와인과 마찬가지로 A.O.C.원산지 호칭에서 정한 12종만 사용한다(2021년 9월 기준).

색상과
맛으로 즐기는 럼

럼은 원료부터 숙성법, 산지 등에 따라 그 종류가 매우 다양하며 색이나 맛에 따라 골라 마시는 재미가 있다. 특히 숙성 통의 종류, 숙성 연수, 블렌딩 방법 등에 따라 완성되는 맛이 달라진다.

151 럼이란?

럼의 알코올 도수는 대부분 40~50도이지만 라벨에 151이라고 적혀 있다면 알코올 도수가 75.5도인 럼이라는 뜻이다.

151은 과거 영국이나 미국에서 사용하던 알코올 도수 측정 단위인 프루프(Proof)를 적용한 수치이다. 요즘은 프루프로 표기하는 경우가 드물지만, 브리티시 프루프는 0.571배, 아메리칸 프루프는 0.5배를 곱하면 알코올 도수로 환산할 수 있다. 151 럼은 알코올 도수가 75도 이상이므로 마실 때는 특별히 주의하도록 하자.

어떤 럼을 골라야 할까?

럼 특유의 달콤한 향을 즐겨보자.
럼은 맛과 색상으로 쉽게 자신의 취향을 알 수 있다.
맛은 숙성 연수가 다른 원주를 어떻게 혼합하느냐에 따라 달라진다.

'15년', '20년' 등
라벨에 표시된 연수는
평균 숙성 연수다.

숙성 연수		특징
숙성하지 않음	화이트 럼(라이트 럼)	개성이 강하지 않고 산뜻한 맛. 보통 차갑게 즐긴다.
2개월~3년 숙성	골드 럼(미디엄 럼)	라이트보다 달콤한 향이 강하다. 상온에서 적당한 감칠맛을 즐길 수 있다. 과자 만들기에도 많이 쓰인다.
	스파이스드 럼	바닐라와 향신료, 과일 향이 특징이다. 상온으로 마시거나 온 더 록으로 즐긴다.
3년 이상 숙성	다크 럼(헤비 럼)	진한 달콤한 향과 깊은 감칠맛을 즐길 수 있다. 상온 추천.
최저 4년, 최고 8~10년 이상	리저브 스페셜 (다크 럼을 숙성)	오랜 숙성에서 비롯된 우아하고 달콤한 향기가 특징이다. 상온에서 부드럽고 깊은 맛을 천천히 즐기기에 좋다.

표기	Rum	Rhum	Ron
	MYERS'S RUM Original Dark	Rhum J.M.	Ron BACARDI Reserve PUERTO RICAN RUM
종주국	영국계	프랑스계	스페인계
숙성 방법과 특징	스카치 위스키 기술을 적용. 묵직한 맛부터 경쾌한 맛까지 다양하며 위스키 애호가들이 선호한다.	코냑의 기술을 적용. 사탕수수로 브랜디를 만든다는 개념이 강해 코냑과 같은 숙성 방법을 따르며 묵직한 맛이 많다.	셰리 특유의 솔레라 시스템 숙성 기술을 적용. 라이트한 맛부터 깊은 맛까지 다양하다.
섬 이름	자메이카, 가이아나, 트리니다드 토바고, 세인트루시아 등	마르티니크, 아이티, 모리셔스 등	쿠바, 도미니카공화국, 베네수엘라, 푸에르토리코 등

'Rum', 'Rhum', 'Ron' 중 올바른 표기는?

사실 모두 올바른 표기이다. 이처럼 생산지에 따라 라벨에 적힌 표기가 다른 것도 럼의 특징이다. Rum, Ron, Rhum은 각각 영어, 스페인어, 프랑스어 표기이며 명칭이 다양한 이유는 서인도 제도가 유럽 국가들의 식민지였던 역사와 관련이 있다.

식민지 시절 본국은 이미 독자적인 증류 기술을 가지고 있었다. 위쪽 표와 같이 영국은 위스키, 프랑스는 브랜디, 스페인은 셰리 와인 등을 제조하던 양조, 증류, 숙성 기술을 바탕으로 식민지화한 지역에서 럼을 생산했다.

럼은 남극을 제외한 모든 대륙에서 만들어진다.

럼은 서인도 제도가 주요 생산지이지만 그밖에도 스페인, 인도, 파라과이, 필리핀, 일본을 포함해 전 세계 각지에서 생산되고 있다.

일본의 럼 협회에 따르면 럼은 남극을 제외한 모든 대륙에서 만들어지고 있으며 제품 종류만 해도 4만 가지에 이른다고 한다. 럼은 원료인 사탕수수를 재배할 수 없는 지역에서도 원주를 수입하여 제조할 수 있기 때문이다. 다만 개인적으로는 아무래도 그 땅에서 자란 원료로 만든 술에 애착이 간다.

일본은 사탕수수 생산지인 오키나와와 아마미오시마(奄美大島)를 비롯해서 오가사와라(小笠原) 제도의 주도인 지치지마(父島)에서 재패니즈 럼을 생산하고 있다.

세계문화유산지에서 태어난 '테킬라'

SPIRITS

테킬라는 멕시코 원산의 블루 아가베를 원료로 만든 증류주이다. 흔히 테킬라의 원료를 선인장으로 오해하는 사람이 있는데 아가베는 알로에와 비슷한 다육식물이며 '아가베 시럽'으로도 유명하다.

블루 아가베는 자라면서 줄기의 밑동이 둥글고 커지며 보통은 30kg 정도 나가지만 100kg까지 커지기도 한다. 먼저 줄기를 잘라서 발효에 적합한 당질로 전환해야 하는데, 증기솥으로 가열하여 달콤한 즙액을 뽑아낸다. 이 즙액을 발효시켜 증류하면 테킬라가 된다.

특이하게도 멕시코의 할리스코Jalisco주 테킬라Tequila 지역을 비롯해서 그 주변의 테킬라용 용설란이 재배되는 지역, 오래된 테킬라 공장, 주변 유적은 2006년에 유네스코 세계문화유산으로 등재되었다.

최근에는 소규모 증류소가 생산하는 품질 높은 테킬라가 큰 인기를 끌고 있다. 일본에도 다양한 고품질의 테킬라가 수입되고 있으며 전 세계적으로도 테킬라 애호가는 증가세이다.

16세기에 신대륙을 널리 여행한 선교사들은 버릴 것이 없다며 아가베를 하나님이 선물해주신 식물이라고 칭송했다. 실제로 시럽이나 기름을 만드는 등 다양하게 사용되고 있다. 아가베는 또 100년에 한 번 꽃을 피우기 때문에 '기적의 식물'이라고도 한다.

한국어: 용설란(龍舌蘭)
영어: 블루 아가베(Blue Agave)
멕시코어: 마게이(Maguey)
정식 명칭: 아가베 아즐 테킬라나 웨버
(Agave Azul Tequilana Weber)

아가베는 그야말로 하나님의 선물이다.
잎으로는 기록을 남기기 위한 종이를 만들고, 지붕을 얹는 데도 사용되었다. 잎의
섬유질로는 옷을 만드는 실을 뽑아냈고 가시는 핀이나 바늘이 되었다. 그리고 흰
뿌리는 식량이 되었다. _《Tequila: A Global History》, 이안 윌리엄스

테킬라는 멕시코 이외의 나라에서는 만들 수 없다.

술을 만드는 주원료는 모두 농작물이다. 그 땅의 기후와 풍토를 고스란히 견디며 자란 농작물로 술을 만드는 것이 기본이다. 이러한 농작물은 보통 반년에서 1년이면 다 자라서 식용할 수 있다.

그런데 테킬라는 블루 아가베가 자라기까지 무려 5년에서 10년이 걸린다. 뿐만 아니라 증류 후 숙성을 한다면 추가로 몇 개월에서 몇 년이 소요된다. 술로 탄생하기까지 무척 긴 시간이 필요하다. 또한 테킬라 한 병을 만들기 위해서는 약 7kg의 아가베가 필요하다.

아가베 아즐 테킬라나 웨버

테킬라의 정의(定義)

- 테킬라는 멕시코 다섯 개 주의 지정 지역에서 CRT(테킬라 규제위원회)의 관리 아래 원자재 생산부터 증류까지 해야 한다.
- 테킬라의 생산은 CRT가 인증하는 증류소에서 이루어져야 하며 인정 증류소는 고유의 4자리 번호가 부여되어 있다.
- 원료는 250여종의 아가베 중 '아가베 아즐(블루 아가베)'만 사용 가능하다.
- 블루 아가베는 51% 이상 사용해야 한다(그 외에는 아가베 이외의 식물성 당분을 사용해야 한다).
- 블루 아가베를 100% 사용한 것을 특히 '100% 아가베 테킬라'라고 부른다.
- 알코올 도수가 35~55% 사이여야 한다.
- 첨가물은 지정된 천연 성분에 한해 1%까지 허용한다.

이외에도 다양한 규약이 있다.

이처럼 생육에 오랜 시간이 소요되는 아가베는 태양이 작열하는 멕시코의 토양이기 때문에 얻을 수 있는 원료라고 해도 과언이 아니다. 뿐만 아니라 멕시코는 엄격한 정의定義에 따라 품질 관리에 심혈을 기울이기 때문에 다른 나라에서는 테킬라를 만들기 쉽지 않다. 다시 말해, 테킬라는 원산지가 명확한 술이다.

가장 먼저 골라야 할
테킬라는?

바 등에서 판매하는 테킬라를 보면 제품에 따라 가격 차이가 매우 큰 것을 알 수 있다. 오른쪽 페이지의 숙성 차이 외에도 원료 사용률에 따라 라벨의 표기가 다르다.

어떤 테킬라를 골라야 할까?

칵테일의 베이스로 사용한다면 깔끔한 타입이 좋지만
테킬라의 원료인 '아가베' 특유의 향과 단맛은
꼭 한번 경험해보기를 권한다.
숙성 통의 크기와 숙성 연수에 따라 색도 짙어지고 맛도 깊어진다.

숙성 연수		특징
무숙성 또는 60일 미만 숙성	브랑코(Blanco) 또는 실버(Silver)	깔끔한 맛. 칵테일 베이스로 많이 사용한다.
명확한 정의는 없고 브랑코와 오크통 숙성 블렌드 및 착색 가능	골드(Gold)	실버보다 향과 당도가 높다.
오크통에서 2개월 이상 숙성	레포사도(Reposado)	단기간이지만 은은한 당도와 숙성감이 느껴진다.
600ℓ 이하의 오크통에서 1년 이상 숙성	아네호(Añejo)	제대로 숙성된 화려한 향과 부드러운 감칠맛을 즐길 수 있다.
600ℓ 이하의 오크통에서 3년 이상 숙성	엑스트라 아네호 (Extra Añejo)	오랜 숙성을 통한 원숙함과 달콤한 향기, 깊은 단맛과 감칠맛을 즐길 수 있다.

● 테킬라 믹스토

법령으로 지정된 다섯 개 산지에서 수확한 아가베 아즐 테킬라나 품종을 51% 사용한다.

● 100% 아가베

법령으로 지정된 다섯 개 산지에서 수확한 아가베 아즐 테킬라나 품종을 100% 사용한다.

테킬라 믹스토Mixto Tequila는 레몬이나 라임 등을 씹고 소금을 핥은 후 단숨에 들이키는 방식으로 마시거나 칵테일 베이스로 즐기는 경우가 많다.

반면에 100% 아가베는 부드러운 향과 맛을 차분히 즐기는 고급 테킬라이다. 원재료의 생산부터 증류, 병입에 이르기까지 엄격한 규제를 받는 증류소에서 생산된 술이다.

테킬라에 도전하고 싶다면 '100% Agave', 'Añejo'라고 라벨에 적힌 제품을 추천한다. 테킬라 믹스토는 가격이 저렴해서 접근성은 좋지만 아무래도 처음에는 '진짜'부터 마셔보기를 권한다.

저렴한 테킬라는 테킬라의 참맛과는 거리가 멀어서 첫 경험이 주

SILVER TEQUILA

100% PURO DE AGAVE

는 감동이 반감된다. 다른 술들도 마찬가지겠지만 처음에는 그 술의 '참맛'을 알고 난 후에 다양한 경험을 해보는 것이 맛있는 술을 오래 즐기는 비결이다.

리큐어와 칵테일

리큐어는 알코올 도수가 높은 증류주에 과일이나 약초 등을 섞어 만든 술의 총칭이다.

과일, 꽃, 약초, 향초, 허브, 커피, 홍차 등 섞을 수 있는 재료는 아주 다양하다.

각 재료에서 추출된 색감으로 형형색색 빛나는 리큐어는 술의 보석이라고도 불린다.

프랑스에서 리큐어가 전성기를 맞이했을 때는,

귀부인들이 모이는 화려한 파티에서 그날의 드레스 색깔과

보석 색깔에 맞춘 칵테일을 즐겼다고 한다.

일본을 대표하는 리큐어는 '우메슈'이다.

최근에는 유자, 귤, 말차 등 지역 특산품을 사용한 일본식 리큐어가 주목받고 있다.

와인에 약초를 첨가하는 것에서 착안된 리큐어의 탄생

고대 그리스 시대에는 와인에 약초를 첨가해 약으로 사용했다. 이후 알코올 도수가 높은 증류주가 등장하면서 리큐어가 만들어지기 시작했다. 11세기부터 13세기경의 수도사들은 '와인을 증류하고 농축한 것'에 약초를 넣으면 보존성이 높아질 뿐만 아니라 약초 추출물의 작용으로 치료 효과가 높아진다고 믿었다. 마시기 편하도록 꿀을 넣기도 했는데 대항해시대에 이르러서는 향신료나 다양한 과일이 반입되면서 리큐어의 종류가 다양해졌고 담그는 기술도 크게 발전했다. 리큐어는 그 자체로 즐기기도 하지만 대부분 칵테일을 만들 때 활용된다. 리큐어 덕분에 칵테일의 세계가 크게 넓어졌다.

최근에는 200ml 정도의 미니 보틀도 있다. 개봉해도 꽤 오랫동안 보존할 수 있어서 몇 가지 구비해두고 다양하게 활용하기에 편리하다.

리큐어의 종류

	원료	맛과 즐기는 법	대표적인 리큐어
과실 계열	카시스, 복숭아, 오렌지, 레몬, 메론, 딸기, 코코넛 등	과즙과 과육을 듬뿍 사용한 형형색색의 과일 리큐어로 집에서 간단히 칵테일을 만들 수 있어 인기다.	쿠앵트로(프랑스, 오렌지 껍질), 크렘 드 카시스(카시스), 피치트리(복숭아), 리몬첼로(이탈리아, 레몬), 말리부(코넛)
향초·약초 계열	허브, 민트, 제비꽃, 식용꽃 등	지금도 수도원에서 만들고 있는 향초·약초 리큐어는 쓴맛이 특징이다. 꽃 색깔을 추출한 바이올렛 리큐어 등이 있다.	샤르트뢰즈(프랑스, 약초·꽃), 베네딕틴(프랑스, 약초), 드람부이(스코틀랜드, 향초·약초·허브), 캄파리(이탈리아, 향초·약초), 예거마이스터(독일, 향초·약초), 아이리시 미스트(아일랜드, 향초·약초), 파르페 아무르(제비꽃)
너츠·씨앗 계열	헤이즐넛, 호두, 커피콩, 카카오, 살구씨 등	달고 고소한 향의 견과류, 커피 리큐어 등 우유와 잘 어울리는 것이 많다. 과자 만들기에도 많이 사용된다.	디사론노 아마레또(이탈리아, 살구씨), 깔루아(멕시코, 커피콩), 프란젤리코(헤이즐넛), 노첼로(호두), 고디바(초콜릿)
기타	홍차, 꿀, 크림, 요구르트, 계란 등	최근에는 기술의 진보로 다양한 원료를 활용해 리큐어를 만들고 있다.	티핀(독일, 홍차), 베일리시(아일랜드, 크림), 요기(독일, 요구르트)

미린은 쌀 리큐어

혹시 미린味醂을 마셔 본 사람이 있을지 모르겠다. 대부분이 조미료라고 생각하고 직접 마셔본 사람은 없을 것이다. 하지만 미린은 센코쿠 시대에 탄생한 것으로 알려진 '달콤한 술'이 원형이다.

원래는 당연히 마실 수 있는 술의 종류이지만 이제는 마시기에 왠지 꺼려지는 것이 사실이다. 본래의 미린은 '찹쌀'을 원료로 혼카쿠쇼츄인 고메쇼츄를 사용하여 '전통적인 제조법'으로 만드는 술이기 때문에 첨가물이 없어 자연의 단맛과 감칠맛을 낸다.

하지만 제2차 세계대전 후부터는 쌀 부족 사태로 인해 당류를 원료로 다양한 처리를 하여 단기간에 만드는 '공업적인 제조법'에 따라 제조하고 있다.

게다가 가격을 낮춘 조미된 미린과 미린풍 조미료까지 등장했다. 물론 진짜와 맛의 차이는 천양지차다. 사랑하는 가족을 위해 만드는 요리에 가짜를 사용

하쿠센 주조(白扇酒造)의 후쿠라이쥰(福来純)
'쥰마이 미린(純米みりん)'

산슈(三州) 미카와 미린(三河みりん)

한 되의 미린을 만드는 데 필요한 찹쌀은 마찬가지로 한 되가 필요하다. 찹쌀의 참맛을 일본의 전통 양조 기술로 이끌어낸 정통 미린.

그냥 마실 수 있을 정도로 맛있을 뿐만 아니라 고급스럽고 깔끔한 단맛이 나며 윤기가 좋다는 특징이 있다. 소재의 맛을 제대로 살려 쌀의 풍미와 감칠맛이 가득하다.

주식회사 가쿠타니분지로 상점
(株式会社角谷文治郎商店)
愛知県碧南市西浜町6-3

하고 있지 않은지 한번 살펴볼 필요가 있다.

요리 이외에도 미린을 즐기는 방법은 다양하다. 미린에 민트를 넣은 칵테일도 있고 아이스크림에 뿌리거나 설탕 대신 사용하기도 한다. 쌀의 리큐어라고 생각하고 달콤하고 부드러운 맛을 즐겨보자.

영화와 소설에 등장하는 리큐어

LIQUEUR

아름다운 색감으로 사람들을 매료시켜온 리큐어는 영화나 소설 속에
도 등장해 눈길을 끌고 있다.

타이타닉호의
마지막 만찬에 등장한 리큐어

프랑스 알프스 지방의 수도원에서 만들어지는 '샤르트뢰즈Chartreuse'는
리큐어의 여왕이라고도 불리는 유명한 술이다.

샤르트뢰즈는 1605년에 '장수의 묘약'으로 130여 종의 약초를 배
합한 처방전이 수도원에 전해졌으나 워낙 복잡한 배합 때문에 좀처럼
안정적인 결과물을 만들어내지 못했다. 하
지만 꾸준한 노력으로 1735년 드디어 제조
법이 확립되었다. 이후 매혹적인 만병통치
약으로 전 세계적으로 사랑받고 있으며 오
늘날에도 130종이 넘는 약초 종류와 배합
비율은 샤르트뢰즈 수도원 카르투시오 수도
회Ordo Cartusiensis의 수도사 2명에게만 전해지
고 있다.

타이타닉호가 침몰한 밤, 특등실 레스토랑 코스요리에 '복숭아 콩포트 샤르트뢰즈 풍미의 젤리'가 있었다고 알려지면서 '타이타닉 디너'라는 이름으로 국내외 레스토랑에서 재현되고 있다.

영화《카사블랑카》속 칵테일과 리큐어

'샴페인 칵테일Champagne Cocktail'은 약초나 향신료를 사용한 쓴맛의 리큐어인 '앙고스투라 비터스Angostura Bitters'를 뿌린 각설탕을 글라스에 넣고 샴페인을 따르는 심플한 칵테일이다. 이 칵테일은 영화《카사블랑카》에 등장하면서 세계적인 칵테일로 거듭났다.

주인공 릭험프리 보가트이 옛 연인 일리자잉그리드 버그만와 기적적인 재회를 하는데, 일리자가 피아니스트 샘에게 〈As time goes by〉라는 노래를 요청하고 릭이 '그대 눈동자에 건배'라고 하면서 건배하는 그 명장면의 칵테일이다. 사실 이 영화는 술이 등장하는 장면이 제법 있다.

75구경 대포의 이름이 붙은 칵테일 '프렌치 75French 75'와 '쿠앵트로Cointreau' 리큐어를 비롯해서 브랜디, 버번 등 술에 주목해 영화를 감상해보는 것도 재미있다.

소설《인간 실격》에 등장하는 '금단의 술 압생트'

'압생트Absinthe'는 중독을 일으킬 위험이 있는 술로 판매와 음주가 금지된 역사가 있다. 원료로 사용하는 약초 중 쓴쑥에 함유된 투존Thujone이라는 성분이 뇌 신경계통을 자극해 환각, 경련, 자살 충동 등의 증상을 일으키는 것으로 판명된 것이다.

원래는 스위스 의사가 의료 목적으로 처방했던 것인데, 프랑스군이 약용주로 이질 예방 차원에서 음용했다가 그 매혹적인 맛이 알려지면서 일반인에게도 퍼졌다.

대문호 헤밍웨이를 비롯해 고흐와 피카소, 드가 등의 화가도 즐긴 술로 유명하며 그들의 그림 중에는 압생트를 마시는 모습이 종종 그려져 있다.

소설가 다자이 오사무는 《인간 실격》에서 '영원히 보상하기 어려울 것 같은 상실감'을 '마시고 남은 한 잔의 압생트'로 묘사했다. 그 정도로 매혹적인 술로 유명하다.

현재는 WHO가 규제를 완화하고 투존 잔존 허용량을 10ppm 이하로 낮추는 조건으로 다시 제조되고 있다.

대문호
헤밍웨이의 바

어니스트 밀러 헤밍웨이만큼 술을 사랑한 작가도 없을 것이다. 주당으로도 유명한 헤밍웨이의 소설에는 전 세계의 모든 술과 칵테일, 바가 등장한다. 손녀의 이름을 유명 와인 샤토 마고Château Margaux에서 따와 마고로 지을 정도였다. 또 가는 곳마다 바에서 그의 취향에 맞는 오리지널 칵테일을 만들게 했다.

　세계적으로도 유명한 프랑스 파리의 호텔 '리츠 파리'에는 작은 바가 있었는데 헤밍웨이가 파리를 찾을 때마다 방문했다고 한다. 그는 이 작은 바를 자기 집 거실처럼 애용했는데, 1944년 독일로부터 해방되자 이곳에서 동료들과 51잔의 드라이 마티니를 나누며 축하한 것으로도 유명하다. 이후 이곳은 50년이 흘러 바를 리모델링할 때, 이름을 '바 헤밍웨이Bar Hemingway'로 바꾼다. 세계적으로 유명한 호텔에 자기 이름의 바가 있을 정도로 헤밍웨이는 술을 사랑했고 술에 사랑받았다.

일본 No.1에 빛나는 칵테일
폴링 스타(Falling Star)
'별에게 소원을'이라는
대사와 함께 잔에 따르면
별똥별이 연상된다.

1989년 일본바텐더협회
전국 바텐더 기능경기대회
종합 우승

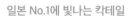

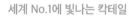

세계 No.1에 빛나는 칵테일
Sakura Sakura
많은 사람에게 사랑받는 일본을
상징하는 '벚꽃'을 주제로
만들었다.

2001년 인터내셔널 바텐더즈
컴페티션 재팬컵 그랑프리 수상

두 칵테일은 모두
'BAR 호시'의 호시 유이치
(保志雄一) 씨 작품

BAR 호시(保志)
東京都中央区銀座6-3-7
AOKI TOWER 8F

세련된 바에는 가고 싶지만 경험이 없다면 망설여진다. 어떻게 주문하면 좋을지 모르겠다는 분들도 많다. 여기서는 바를 즐기기 위해 알아두면 유용한 내용을 소개하겠다.

칵테일은 크게 작은 칵테일 잔에 따르는 '쇼트 드링크 칵테일Short Drink Cocktail'과 소다나 주스, 얼음 등을 섞어 만드는 '롱 드링크 칵테일Long Drink Cocktail'로 나눌 수 있다.

전자는 쉐이커 혹은 믹싱글라스로 얼음과 함께 술을 섞어 차갑게 만든 상태에서 제공한다. 그래서 쇼트 드링크 칵테일은 잔에 따르는 순간이 가장 맛이 좋은 온도이다. 이야기를 나누다가 마시는 타이밍을 놓치면 칵테일의 맛이 반감되고 만다. 쇼트 드링크 칵테일을 즐길 때는 10~15분 이내에 마시는 것이 이상적이다.

쇼트 드링크 칵테일은 알코올 도수가 강한 것이 많기 때문에 술에 약한 분에게는 롱 드링크 칵테일을 추천한다. 롱 드링크 칵테일은 보통 큰 얼음이 들어가므로 다소 시간이 지나도 시원하게 즐길 수 있다. 수다를 떨면서 마시기에 좋은 칵테일이다. 다만 얼음이 다 녹기 전에 마시는 것이 좋다.

칵테일은 헤아릴 수 없을 정도로 많은 종류가 있으며 마시기 쉽도

록 알코올 도수, 온도 등 여러 요인을 모두
계산해서 만드는 예술 작품이기도 하다.

잘 모르겠다면 그냥 깔끔한 맛, 단맛 등
자신이 좋아하는 취향을 말하거나 선호하
는 술이나 리큐어의 명칭을 말하면서 만들
어달라고 요청해도 된다.

바텐더와의 대화도 바에서의 즐거움 중 하나
이다. 대화를 나누다보면 스트레스도 풀리고 몰
랐던 자신의 술 취향을 발견하기도 한다.

참고로 일반 술집 체인점 등에서 판매하
는 칵테일은 진짜 칵테일과는 전혀 다른 맛
이므로 진짜 칵테일을 즐기고 싶다면 반드시
바에서 마시기를 추천한다.

Manners of the Bar
바 카운터에서의 매너
바에서 술을 즐긴다면 그 가게의 격에 맞는 행동과 다른 고객에게 폐를 끼치지
않겠다는 마음가짐이 중요하다.
- 카운터석은 안내될 때까지 마음대로 앉지 않는다.
- 편한 자리에 앉으라고 할 때는 입구 바로 앞쪽을 선택한다.

잡학지식

바텐더를 '바텐'이라고 불러서는 안 되는 이유

바텐더(Bartender)는 영어로 Bar(술집)와 Tender(상냥한)의 합성어이다. 즉, 바텐더는 부드러운 대응으로 술을 즐길 수 있게 고객의 마음을 살펴주는 접객 정신이 밑바탕에 깔려 있는 단어이다. 그런데 그런 직업을 '바텐'이라고 줄여 부르는 사람이 있다.

전후 불황 속에서 사회적 지위가 높지 않았던 바텐더의 일을 깎아내리는 의미로 줄여서 바텐이라고 부르게 된 듯하다. 따라서 이렇게 줄여서 부르는 것은 그다지 바람직한 일이 아니다. 훌륭한 술을 제공해주는 직업 정신에 경의를 표한다는 생각으로 '바텐더'라는 정식 명칭을 사용해주기를 바란다.

벚꽃의 계절, 봄을 느끼게 해주는 칵테일
'스프링 필링'(BAR 호시)

- 대화의 목소리가 커지지 않도록 두 명까지가 이상적이다.
- 대화 내용에도 주의! 큰 소리로 말하지 않는다.
- 가게 안이나 술 사진을 허가 없이 촬영하지 않는다.
- 병이나 장식물 따위를 함부로 만지지 않는다.
- 가방 등을 테이블 위에 두지 않는다.

자신만의
오리지널 칵테일 만들기

일본을 대표하는 리큐어인 '우메슈梅酒, 매실주'는 수제로 만드는 경우가 많다. 우메슈는 화이트 리큐어White Liquor인 고루이쇼츄 35도짜리에 설탕을 넣어서 만드는데 알코올과 설탕의 힘으로 매실 추출물을 뽑아내기 위해서다. 두 가지를 넣으면 천천히 매실 추출물이 알코올에 녹아나온다.

우메슈뿐만 아니라 모든 리큐어는 이렇게 만들어지기 때문에 소재의 풍미와 색감은 물론이고 황홀한 단맛도 즐길 수 있다.

화이트 리큐어는 무미무취라서 소재의 맛을 있는 그대로 끌어낼

필자가 담근 딸기와 멜론 리큐어

무기쇼츄 '덴파이 우메슈용 35도'

수 있지만 증류주인 브랜디와 위스키, 럼, 혼카쿠쇼츄 등을 베이스로 담그면 각각의 술의 풍미가 더해져 더욱 맛있어진다.

규슈의 혼카쿠쇼츄 양조장이 내놓은, 우메슈를 위한 무기쇼츄인 '덴파이天盃 우메슈용 35도'도 있다. 무기쇼츄의 향과 감칠맛이 매실의 산미를 이끌어낼 수 있도록 연구된 제품이다. 베이스 술을 취향에 따라 고를 수 있는 것도 수제 과실주를 담그는 묘미 중 하나이다. 매실뿐만 아니라 레몬, 딸기, 사과, 귤, 키위 등 다양한 과일은 물론이고 로즈메리, 라벤더, 페퍼민트, 산사나무 열매, 생강, 검은깨 등으로도 건강한 약주를 만들 수 있다. 기회가 되면 꼭 한번 자기만의 오리지널 담금주를 만들어보자.

가정에서 과실주를 담글 때 주의사항

일본은 주세법이라는 세금 관련 법률이 엄격하다. 과실주를 담글 때는 다음 사항을 주의해야 한다.

NG! 포도나 머루로 과실주를 만들면 안 된다.

일본에서는 판매 목적이 아니라도 포도나 곡물류(쌀, 보리, 전복, 옥수수, 황량, 수수, 비름, 또는 전분 또는 이 누룩)로 개인이 담금주를 만드는 것이 불법이다. 포도나 곡물에는 자체에 효모균이 있어서 자체적으로 발효되어 알코올을 생성하기 때문이다.

NG! 베이스 술의 알코올 도수는 20도 이상!

알코올 도수가 20도 이상이면 종류는 상관없지만 사케가 베이스면 20도 이상이어야 한다. 20도 이상의 알코올은 효모균을 제거하고, 알코올 발효를 촉진하지 않기 때문이다.

※ 상그리아 등 14도 정도의 와인으로 만드는 경우는 미리 만들어 두지 않고 마시기 직전에 만들면 문제없다. 단, 음식점 등에서 제공하는 것은 금물이다.

NG! 판매는 할 수 없다. 자신과 함께 사는 가족과 마시는 것이 목적

수제 담금주는 어디까지나 스스로 즐기는 것이 목적이어야 한다. 이익이나 수익이 발생하면 주세법 위반이다. 예전에는 숙박시설이나 음식점 등에서 자가 제조주를 제공하는 것도 위법이었지만 2008년 개정된 주세법 특례조치로 '제공'만은 가능해졌다. 단, 기념품 등으로 판매할 수는 없다. ※여기서 스스로란 법인을 포함하지 않는다.

포티파이드 와인

포티파이드 와인은 유럽의 와인 생산 국가에서 탄생했으며

'와인에서 태어난 와인'으로 불리는 걸작품이다.

와인에 브랜디를 더해 알코올을 강화했다는 뜻으로

'주정강화 와인'이라고도 한다.

대항해시대가 열리면서 배 안에서 와인이 고온으로 인해 발효되는 일이 잦아

브랜디를 첨가했더니 향과 맛이 뛰어난 와인으로 거듭난 것이

포티파이드 와인의 탄생 계기다.

포티파이드 와인의 가장 큰 매력은 숙성에 따른 복잡하고 깊은 맛이다.

이와 같은 신비로운 맛은 오늘날 전 세계의 많은 사람을 매료시키고 있다.

세계 3대 포티파이드 와인

FORTIFIED
WINE

● 포르투갈의 '포트 와인Port Wine'
● 포르투갈령 마데이라섬의 '마데이라 와인Madeira Wine'
● 스페인 헤레스 지방의 '셰리 와인 Sherry Wine'

    와인을 즐기는 분이라면 한번쯤 들어봤을 것이다. 이 세 가지를 '세계 3대 포티파이드 와인'이라고 한다. 그 밖에도 이탈리아 시칠리아섬의 '마르셀라Marsala', 스페인의 '말라가Málaga', 프랑스의 '뱅 두 나튀렐Vin Doux Naturel' 등이 있다.

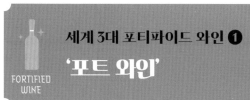

'포트 와인'

'포트 와인'은 포르투갈 와인 중에서도 도우루Douro 지역의 와인에 브랜디를 첨가하여 숙성한 와인이다.

    포르투갈 와인은 오랜 역사를 자랑하는데, 이미 기원전 600년경 페니키아인들에 의해 포도가 재배되었다. 유럽의 최서단에 위치한 포르투갈은 현재 포도 재배 면적이 세계 6위이며 기후 조건이 좋아 양질의 포도를 생산하는 와인 강국이다. 17세기 스페인으로부터 독립한 후에도 와인 제조가 계승되면서 유명한 와인 산지로 발전했다.

페니키아인들이 가꾼 포르투갈 도우루 지역의 포도밭

포트 와인은 14세기 이후 탄생했으며 영국-프랑스 전쟁으로 포르투갈에서 영국으로 와인 수출이 급증함에 따라 시장이 커졌다.

현지에서는 도시명인 '포르투Porto'라고 부르며 정식명은 '비뉴 두 포르투Vinho do Porto'이다. 영국인이 'Port'를 포트라고 발음하기 때문에 영어권에서는 '포트 와인'이라고 부른다.

일반적인 와인은 알코올 도수가 10~15도이지만 포트 와인은 20도 안팎으로 도수가 높고 깊은 단맛 및 감칠맛이 뛰어나 식후주로 즐겨 마신다.●

포트 와인
달콤함의 비밀

포르투갈 도우루 지역에서 생산된 와인은 발효 도중 당분이 남아 있을 때 77도의 포도 브랜디(포도를 증류한 브랜디)를 첨가한다. 이로 인해 발효가 멈추고 알코올이 되지 못한 당분이 남는데, 이 당분이 나중에 포트 와인의 특징인 단맛이 된다. 이 상태로 북부 포르투항으로 트럭이나 탱그로리로 운반한다.

예전에는 포도밭에서 달구지를 이용해 강가까지 와인통을 운반하고 배로 포르투항까지 며칠에 걸쳐 운반했다면서 "운치가 없어졌어"라고 웃으며 어느 현지분이 이야기해줬다.

● 일본에서는 1907년에 '아카타마(赤玉) 포트 와인'이 발매되었지만 포르투갈 정부로부터 항의를 받고 1973년에 '아카타마 스위트 와인'으로 명칭을 변경했다.

포르투항 주변에는 시퍼Shipper라고 불리는 선적처리업자가 90곳
정도 있다. 각각의 시퍼로 운반된 오크통은 장인이 블렌딩해 창고에서
숙성을 거친 뒤 병에 담아 출하한다. 포르투항에서 출하되지 않으면
'포트 와인'이라고 부를 수 없다.

포트 와인은 장기간 숙성으로 단맛과 감칠맛이 강화된다. 일반 와
인에 비해 알코올 도수가 높아서 향기와 맛이 쉽게 열화되지 않기 때
문에 장기간 보존도 가능하다.

숙성 중인 포트 와인 앞에서

빈티지 포트 와인

40~50년간 숙성된 제품도 있어 진하면서 매우 향기롭고 부드러운 맛을 자랑하는 포트 와인도 존재한다.

일반적으로는 달콤한 감칠맛이 특징이지만 최근 서구권의 식생활 변화에 맞춰 단맛을 줄인 드라이 포트, 화이트 포트로 불리는 타입도 인기다.

어떤 포트 와인을 골라야 할까?

화이트 타입이나 드라이한 것은 식전주로 즐기지만
단맛이 진한 것은 식후주로 디저트와 함께 즐기는 경우가 많고
치즈나 과일, 아이스크림, 초콜릿과의 궁합도 뛰어나다.

특징

신맛이 적당하고 단맛은 적어서 식전에 즐기는 경우
가 많다.

화이트 포트(White Port)
3년~5년 오크통 숙성

포트 와인의 정석. 적당한 단맛을 가볍게 즐기고 싶을
때. 요리 소스로도 추천.

루비 포트(Ruby Port)
평균 3년 이상의 오크통 숙성

고상하고 깊은 맛이 나며 10년짜리나 20년짜리도
많다. 루비 포트보다 향기롭고 부드러워 차분히
즐기기에 좋다.

토니 포트(Tawny Port)
루비 포트를 오크통에서
5년 이상 더 숙성

토니 포트의 스페셜 버전으로 더욱 향기롭고 부드럽다.
수확년도가 같은 포도를 85% 이상 사용하고 수확한
해의 4년 후에 최소 7년 이상 오크통에서 숙성.

콜헤이타(Colheita)
최소 7년 이상 통 숙성

빈티지 포트로 선정된 포도까지는 아니지만
작황이 좋은 수확 연도의 포도를 사용.

**레이트 보틀드 빈티지
포트(LBV)**
4년~6년 통 숙성

루비 포트 중에서도 작황이 좋은 수확 연도의
포도만으로 만든다. 생산량이 극히 적어 가장
고급스럽고 사치스러운 포트 와인이다.

빈티지 포트(Vintage Port)
평균 20년 이상 통 숙성

세계 3대 포티파이드 와인 ❷
'마데이라 와인'

1419년 대항해시대에 발견된 마데이라섬은 포르투갈령 중 하나로 수도 리스본에서 남서쪽으로 약 1,000km 떨어진, 대서양에 떠 있는 작은 섬이다.

　대서양의 진주로 불리는 작고 아름다운 이 섬은 연평균 기온이 20도로 봄날이 이어지는 온난한 기후가 특징이다. 아름다운 꽃과 과일이 풍부하며 사탕수수도 재배된다. 해산물도 풍부하여 아름다운 바다와 맛있는 요리를 즐길 수 있는 매혹적인 낙원의 섬이다.

마데이라섬

'마데이라 와인'은 이렇게 축복받은 환경 속에서 태어났다. 포르투갈어로는 '비뉴 다 마데이라Vinho da Madeira'라고 한다.

현재 여덟 개의 제조사가 있으며 그중 여섯 개사가 일본에 수출하고 있다. 일본에서는 요리술이라는 인식이 강해서 술로 즐기는 경우가 적어서 매우 유감이다.

가열로 맛이 배가되는 마데이라

마데이라 와인도 포트 와인과 마찬가지로 발효 도중에 포도 브랜디를 첨가해 발효를 멈추고 단맛을 남긴 술이다. 포트 와인과 다른 점은 가열 처리를 한다는 것과 단맛부터 드라이한 맛, 요리용까지 다양한 종류가 있다는 것이다.

마데이라 와인의 가장 큰 특징이기도 한 가열 처리는 와인 탱크에 온수가 담긴 파이프를 통과시키는 인공적인 가열 숙성 방법인 에스투파젬Estufagem과 태양광을 직접 와인통에 쬐어서 자연스럽게 가열 숙성

태양광 아래에서 맛있는 마데이라가 완성된다

브랜디 첨가 과정

하는 전통적 방법인 칸테이로Canteiro가 있다. 실제로 직사광선 아래 놓인 탱크를 봤을 때는 놀라움을 금치 못했다. 이와 같은 자연 숙성은 몇 년이 걸릴 수도 있다. 가열 숙성 공정이 끝나면 다시 오크통에서 상온 숙성되며 향기롭고 부드러운 맛으로 가꾸어간다. 몇 년에서 수십 년에 걸친 숙성을 통해 마데이라 와인 특유의 향, 색깔, 맛이 완성된다.

마데이라 와인을 선택할 때는 먼저 포도 품종부터 살펴보자.

마데이라 와인의 종류는 포도 품종에 따라 드라이한 식전주 타입부터 달콤한 디저트 타입까지 다양하다. 단맛의 정도는 브랜디를 추가하는 타이밍을 조절하여 조정하는데 숙성에 따라 단맛의 정도가 크게 변한다. 마데이라를 요리에 사용할 때는 적당한 단맛이 좋다.

포르투갈의 마데이라 와인 협회에서 정한 마데이라 와인의 정의에 따르면 특정 포도 품종을 85% 이상 사용했다면 그 품종을 병에 표기해도 되지만 현재는 단일 품종 100%로 제조하는 제조사가 대부분이다.

마데이라 와인의 포도 품종별 시음

어떤 마데이라 와인을 골라야 할까?

마데이라 와인은 숙성 방법과 연수에 따라 맛이 크게 다르다.
라벨에 포도 품종과 숙성 연수가 기재되어 있어
자신의 취향에 맞게 고를 수 있다.

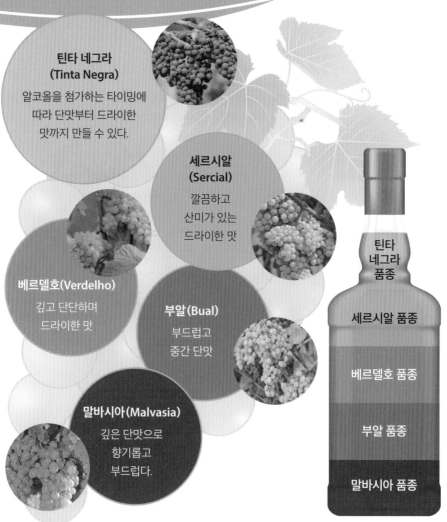

틴타 네그라
(Tinta Negra)

알코올을 첨가하는 타이밍에
따라 단맛부터 드라이한
맛까지 만들 수 있다.

세르시알
(Sercial)

깔끔하고
산미가 있는
드라이한 맛

베르델호(Verdelho)

깊고 단단하며
드라이한 맛

부알(Bual)

부드럽고
중간 단맛

말바시아(Malvasia)

깊은 단맛으로
향기롭고
부드럽다.

틴타
네그라
품종

세르시알 품종

베르델호 품종

부알 품종

말바시아 품종

158년된 마데이라 와인을 시음해볼 기회가 있었다. 향기롭고 부드럽다는 말만으로는 표현이 안 되었다. 진한 단맛과 감칠맛이 온몸에 퍼질 정도로 신비로운 맛이었다.

이와 같은 숙성 마데이라는 새 오크통에 몇 방울만 첨가해도 술맛이 달라진다고 한다. 현지에서는 이러한 마데이라를 소중히 보관한다.

1863년 빈티지 마데이라(사진 위)
보존 중인 숙성 마데이라 와인(사진 아래)

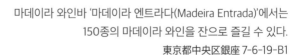

마데이라 와인바 '마데이라 엔트라다(Madeira Entrada)'에서는
150종의 마데이라 와인을 잔으로 즐길 수 있다.
東京都中央区銀座 7-6-19-B1

세계 3대 포티파이드 와인 ❸
'셰리 와인'

FORTIFIED WINE

셰리 와인은 포도 재배 면적이 세계에서 제일 큰 스페인이 자랑하는 와인이다.

연간 일조 시간이 300일이나 되는 스페인 남부 안달루시아Andalusia 지방에서는 당분을 듬뿍 함유한 청포도가 재배된다.

셰리 와인은 안달루시아 지방 남단에 위치한 헤레스Jerez 지역 외에 '셰리의 골든트라이앵글'이라고 불리는 3개 지역에서만 만들어진다.

엄격한 와인법에 따라 발효 중인 화이트 와인에 포도 브랜디를 더해 알코올 발효를 멈추고 알코올이 18도 이상이 되도록 조정한다. 또한 셰리 와인만의 숙성 방법으로 만들어야 셰리라는 명칭을 붙일 수 있다.

셰리 와인하면 드라이하다는 선입관을 가진 사람이 많지만, 사실

산루카르 데 바라메다
헤레스
엘 푸에르토 데 산타마리아

스페인

안달루시아 지역

은 드라이한 맛부터 아주 단맛까지 다양해 선택의 폭이 넓은 매력적인 술이다.

셰리 와인의 독자적인 숙성법이 만들어내는 곰팡이가 아름다운 술을 완성시킨다.

셰리 와인도 포트 와인이나 마데이라 와인과 마찬가지로 포도 브랜디를 첨가하는데, 가장 큰 차이점은 다음 세 가지다.

● 청포도의 단일 품종으로 만든 '화이트 와인'으로 제조한다.

● 지역 고유의 효모인 '플로르'가 생성된다.

● '솔레라 시스템'이라고 불리는 독특한 숙성법으로 완성한다.

주요 포도 품종은 '팔로미노Palomino'이며 단맛 타입은 '모스카텔Moscatel', '페드로 히메네스Pedro Ximénez'를 사용한다. 먼저 그해 수확한 포도를 20도 안팎의 높은 온도에서 발효시켜 화이트 와인을 만든다. 이 화이트 와인을 술통의 70% 정도까지만 채우고 그해 늦가을까지 일부러 산화시키듯 공기와 접한 상태로 보존한다. 그러면 그 기간 동안 와인 표면에 희고 얇은 막이 생긴다. 이 막은 '플로르Flor, 꽃'라고 불리는 산막효모로 곰팡이의 일종이다. 플로르는 대서양 연안에

표면에 나타난 플로르

서만 볼 수 있는 독특한 박테리아로 얇은 막이 와인과 공기의 접촉을 막아 자연스럽게 산화 속도를 늦춘다. 플로르가 셰리 특유의 향을 낳는다고 해도 과언이 아니다.

자연적으로 이루어지는 산화이기 때문에 그 속도는 당연히 술통마다 다르다. 그래서 플로르가 많이 생긴 술통에는 첨가하는 포도 브랜디의 양을 줄여 드라이한 타입으로 만들고, 플로르가 적은 술통에는 포도 브랜디의 첨가량을 늘려 진하고 달콤한 타입으로 만든다.

맛을 결정짓는 '솔레라 시스템'

셰리 와인의 맛을 결정짓는 독자적인 블렌드 기술과 숙성 방법을 살펴보자.

셰리 와인은 숙성 시 원주가 담긴 오크통을 3~4단으로 쌓는다. 맨 아래 단에는 가장 오래된 오크통이 위치하며 그 위는 그다음으로 오래된 오크통을 포개어 올리고 최상단은 브랜디를 첨가한 지 얼마 안 된 가장 최신의 오크통이 위치하도록 피라미드형으로 쌓아 올린다. 이렇게 해서 오래된 오크통과 새로운 오크통의 맛을 확인하면서 블렌딩하여 맛을 완성한다. 이때 내용물이 줄어든 오크통은 그 위에 쌓여 있는 오크통에서 보충하고, 다시 그 위에 있는 오크통에서 순차적으로 보충하는 방식으로 오래된 오크통을 채워간다.

이렇게 하면 맨 아래의 오크통에는 순차적으로 숙성한 셰리 와인이 더해지고 출하하는 셰리 와인은 항상 안정된 품질을 유지할 수 있

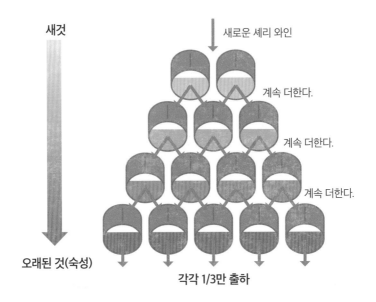

새것

새로운 셰리 와인

계속 더한다.

계속 더한다.

계속 더한다.

오래된 것(숙성)

각각 1/3만 출하

다. 이를 '솔레라 시스템Solera System'이라고 한다.

항상 일정한 맛과 일정한 품질을 유지하려면 숙성된 오크통과 새 오크통, 그리고 중간 오크통의 맛을 확인하면서 블렌딩하는 숙련된 기술이 필요하다.

이처럼 셰리 와인 하나에는 서로 다른 여러 개의 오크통의 역사가 모여 있는 셈이다.

셰리와 헤레스는 같은 말

헤레스 마을은 기원전부터 그리스명인 '헤라(Xera)'라는 이름으로 불렸다. 그러다 로마인을 비롯한 타 민족의 지배를 받으면서 세레토→세슈무→슈레스로 바뀌었고 17세기에 비로소 스페인어로 헤레스가 되었다.

헤레스를 영어 억양으로 발음하면 '셰리'가 되는데 영국에서 셰리 와인을 즐기면서 세계로 퍼져 그 이름을 알리게 되었다. 현재도 스페인에서는 '헤레스'라고 부르며 프랑스에서는 '세레스'라고 한다.

와인법상 원산지 호칭명은 이 셋을 모두 연결해 '헤레스 세레스 셰리(Jerez-Xérèz-Sherry)'가 정식명이다. 이처럼 스페인어, 프랑스어, 영어가 모두 섞여 있다는 것은 전 세계를 매료시킨 술이라는 증거이다.

어떤 셰리 와인을 골라야 할까?

드라이한 맛과 단맛, 가벼운 맛과 진한 맛으로 구분할 수 있다.
드라이한 맛이라도 식전주 타입의 깔끔한 제품부터
감칠맛이 뛰어난 제품까지 다양하다.
식후에 즐긴다면 깊은 단맛을 내는 셰리 와인이 좋다.

맛		특징
깔끔하고 드라이한 맛	피노 (Fino)	플로르의 독특한 향. 식전주로 즐기는 경우가 많다.
풍미 깊은 드라이한 맛	만자니야 (Manzanilla)	해안가가 산지여서 짠맛이 나며 식전주로 좋다.
묵직한 드라이한 맛	아몬틸라도(Amontillado)	피노를 숙성시킨 고소한 향. 위스키를 마신 뒤에도 좋다.
	올로로소(Oloroso)	식후나 나이트캡으로 즐기기에 좋다.
은은한 단맛	페일 크림(Pale Cream)	피노를 베이스로 단맛을 더했다. 치즈와 어울린다.
부드러운 단맛	크림(Cream)	우아하고 품위 있는 달콤함. 상온에서 천천히 식후에 즐기면 좋다.
단맛	모스카텔(Moscatel)	포도향과 깊은 단맛을 즐기는 디저트주
매우 단맛	페드로 히메네스 (Pedro Ximénez)	심오한 단맛과 감칠맛을 즐기는 디저트주

셰리와 스카치 위스키의 관계

스카치 위스키를 숙성할 때 셰리 와인을 숙성한 오크통을 사용
하는 경우가 많은데, 스카치 위스키 라벨에 'PX'라고 적혀 있
으면 페드로 히메네스로 만든 셰리 와인 통에서 숙성했다는
의미이다. 이와 같은 위스키는 농밀하고 달콤한 셰리 와인의
향과 맛이 특징이다.

세상에서
가장 달콤한 와인!?

셰리 와인이라고 하면 드라이한 맛을 먼저 떠올리는 사람도 있지만
앞에서 설명한 바와 같이 맛은 아주 다양하다.

페드로 히메네스로 만든 셰리 와인은 세계에서 가장 진하고 달콤
한 맛으로 알려져 있다. 기회가 되면 꼭 아이스크림에 뿌려서 즐겨보
기를 추천한다. 감동적인 맛을 선사할 것이다.

3대 포티파이드 와인 산지 방문

2014년 늦가을, 직접 포티파이드 와인의 생산 현장을 확인하고 싶어서 혼자 여행을 떠났다. 포르투갈 와인 산지 도우루에서는 "페니키아인들이 개척한 포도밭을 로마인들이 재배에 용이하도록 일구어줘서 그것을 우리가 지키고 있어요"라는 생생한 증언을 들을 수 있었다. 마데이라섬에서는 로마인들이 포도 재배를 했다는 절벽의 흔적도 확인했다. 스페인 연안부 산루카르(Sanlúcar)에서는 같은 셰리 와인이라도 피노와 만자니야가 완전히 다른 이유가 현지의 '바닷바람'이라는 사실을 깨달았다. 만자니야 특유의 짠맛을 체험한 현지에서의 귀중한 공부는 몇 년이 지나도 잊을 수 없다. 여행을 통해 포티파이드 와인이 각지의 전통을 지키며 앞으로 100년, 200년 번영할 것이라고 확신했다.

마데이라섬의 절벽. 이곳에서 로마인들은 포도를 재배했다.

35년 전 필자의 아버지가 쓴《주류 판매점 주인이 쓴 술에 관한 책酒屋が書いた酒の本》을 요리사인 이리에 료코入江亮子 씨가 SNS에 소개했는데, 필자의 '사케 네비게이터 강좌'를 수강한 출판사 편집자가 우연히 그것을 보고, 이 책을 처음 기획하게 되었습니다.

술의 세계는 점점 진화를 거듭하고 있지만 전 세계에서 코로나19가 맹위를 떨치면서 술을 즐길 장소가 크게 줄었습니다. 슬프게도 음식점이나 주류 제조업은 물론이고 원료를 만드는 농가에까지 막대한 피해를 주고 있지요. 저자가 책을 집필할 당시엔 코로나19가 맹위를 떨치고 있었다. -역주 하지만 이 책에서도 말씀드렸듯이 술은 문화이며 우리의 삶에 색을 더해주는 기호식품입니다. '술은 백약의 으뜸'이라는 말도 있듯이 적당한 음주는 심신을 편안하게 해주는 효과가 있습니다.

친구와 또는 친척들과 같이 음식을 나눠 먹고 즐기는 순간에 술은 긴장을 풀고 관계의 윤활유 역할을 더해줍니다.

이 책의 발행에 도움을 주신 많은 친구와 지인, 양조가 여러분께 감사드립니다. 그리고 이 책을 읽어주실 독자분께도 진심으로 감사드립니다.

오코시 치카코

참고
문헌

《술의 세계사(Uncorking the Past)》 Patrick E. McGovern

《여섯 잔의 세계사(a History of the World in 6 Glasses)》 Tom Standage

《맥주는 어렵지 않아(Birra. Manuale per aspiranti intenditori)》 Guirec Aubert

《위스키는 어렵지 않아(Whisky. Manuale per aspiranti intenditori)》 Mickaël Guidot

《일본의 술 문화(日本の酒文化)》 坂口謹一郎

《술의 일본 문화(酒の日本文化)》 神崎宣武

《활성효모를 마신다(活性酵素を飲む)》 穂積忠彦

《알고 싶은 술의 세계사(知っておきたい酒の世界史)》 宮崎正勝

《위스키 교과서 개정판(ウイスキーの教科書 改訂版)》 橋口孝司

《가장 알기 쉬운 와인 입문(いちばんわかりやすいワイン入門)》 野田宏子

《와인의 기초(ワインの基)》 全日本ソムリエ連盟

《사케의 기초(日本酒の基)》 日本酒サービス研究会·酒匠研究会連合会

《주류 판매점 주인이 쓴 술에 관한 책(酒屋さんが書いた酒の本)》 大越貴史

알고 마셔야 더 맛있는

술 문화사

초판 인쇄 2024년 12월 10일
초판 발행 2024년 12월 15일

지은이 오코시 치카코
옮긴이 신 찬
펴낸이 조승식
펴낸곳 도서출판 북스힐
등록 1998년 7월 28일 제22-457호
주소 서울시 강북구 한천로 153길 17
전화 02-994-0071
팩스 02-994-0073
인스타그램 @bookshill_official
블로그 blog.naver.com/booksgogo
이메일 bookshill@bookshill.com

정가 18,000원
ISBN 979-11-5971-609-6